吃个素吧

笨鸟素食手账

笨　鸟◎著

U0302367

三餐四季，记录生活烟火，用心书写人生。

全国百佳图书出版单位
中国中医药出版社
·北　京·

图书在版编目（CIP）数据

吃个素吧：笨鸟素食手账 / 笨鸟著 . -- 北京：中国中医药出版社，2024.6
ISBN 978-7-5132-8705-0

Ⅰ . ①吃… Ⅱ . ①笨… Ⅲ . ①素菜—菜谱 Ⅳ . ① TS972.123

中国国家版本馆 CIP 数据核字 (2024) 第 061368 号

中国中医药出版社出版
北京经济技术开发区科创十三街 31 号院二区 8 号楼
邮政编码 100176
传真 010-64405721
河北品睿印刷有限公司印刷
各地新华书店经销

开本 787×1092 1/32 印张 10.5 字数 201 千字
2024 年 6 月第 1 版 2024 年 6 月第 1 次印刷
书号 ISBN 978 – 7 – 5132 – 8705– 0

定价 98.00 元
网址 www.cptcm.com

服务热线 010–64405510
购书热线 010–89535836
维权打假 010–64405753

微信服务号 zgzyycbs
微商城网址 https://kdt.im/LIdUGr
官方微博 http://e.weibo.com/cptcm
天猫旗舰店网址 https://zgzyycbs.tmall.com

如有印装质量问题请与本社出版部联系（010–64405510）
版权专有 侵权必究

笨鸟的话

我吃素已经 20 年了，不管平时有多忙，每天都坚持自己做饭，从不点外卖。这些年我一直保持着记录菜谱的习惯，因为如果不马上写下来很快就会忘掉细节，下次又得从零开始摸索。所以，每当有了新的想法和做法，我就会用文字和照片把这些食谱记录下来。渐渐地我发现，写笔记是个提高效率的好方法，从购物清单到用量多少，前期计划到后期修订，写下来的同时也理清了思路。我不敢说自己的厨艺有多好，但根据一万小时定律，多少也积累了一些经验。这次我精选出 52 篇素食食谱集合成一本素食手账，与大家分享我的素食生活。

三餐四季，记录生活烟火，用心书写人生。

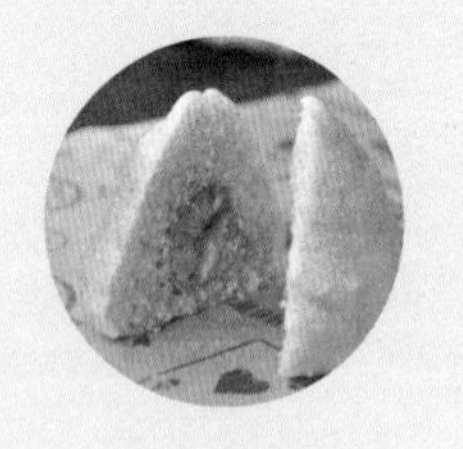

五谷

素菜

汤水

烘烤

酱料

节令

目 录

五谷

素菜

汤水

烘烤

酱料

节令

五谷

比馒头好吃比包子好做　我们都爱大懒龙

我家里山珍（蘑菇）海味（紫菜）长年不断，都是亲戚朋友们送的。各种叫不出名的干蘑菇越存越多，我随便抓几样炒了一锅菌油酱，日常配米饭、面食都可以。

为消耗面粉存货，最近家里吃的馒头也是自己蒸的。说起馒头夹菌油酱的吃法，我突然想到，何不先把菌油酱在面里裹好再蒸呢，这不就是懒龙吗！比馒头好吃，比包子好做，懒人最爱。

原料

面粉：400 克

干酵母：5 克

清水：240 克

菌油酱：200 克

小香葱：2 根

特别说明：

本书中所有液体均用克作为计量单位，以方便操作。

做法

① 菌油酱：任选几种干蘑菇混合泡发，切碎。锅里多放油，小火炒至蘑菇干香油亮，加入盐、花椒粉、胡椒粉、姜粉即成。

② 面团：面粉中加入干酵母、清水，揉成面团，盖上保鲜膜放在温暖处等待发酵。

③ 香葱切碎拌入菌油酱。尝一下，如果不够咸可以加些盐，咸点儿好吃。

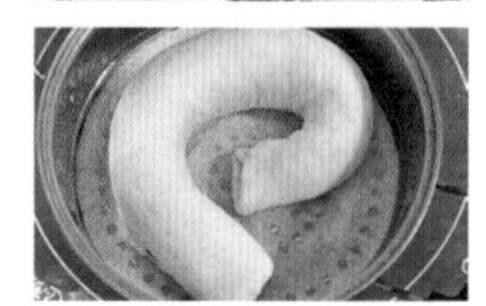

④ 将发酵好的面团擀成大饼，铺满菌油酱，再用勺子将馅料压紧实。

⑤ 将面饼卷起来，封口朝下，小心码在蒸屉里（提前铺好屉布），静置 15 分钟，使面团恢复蓬松。

⑥ 蒸锅里放足够的水，烧开，架上蒸屉，中火蒸 30 分钟。关火后不要马上揭锅盖，先把锅盖打开一条小缝，待热气散去一些再开盖，白白胖胖的懒龙就可以出锅了。

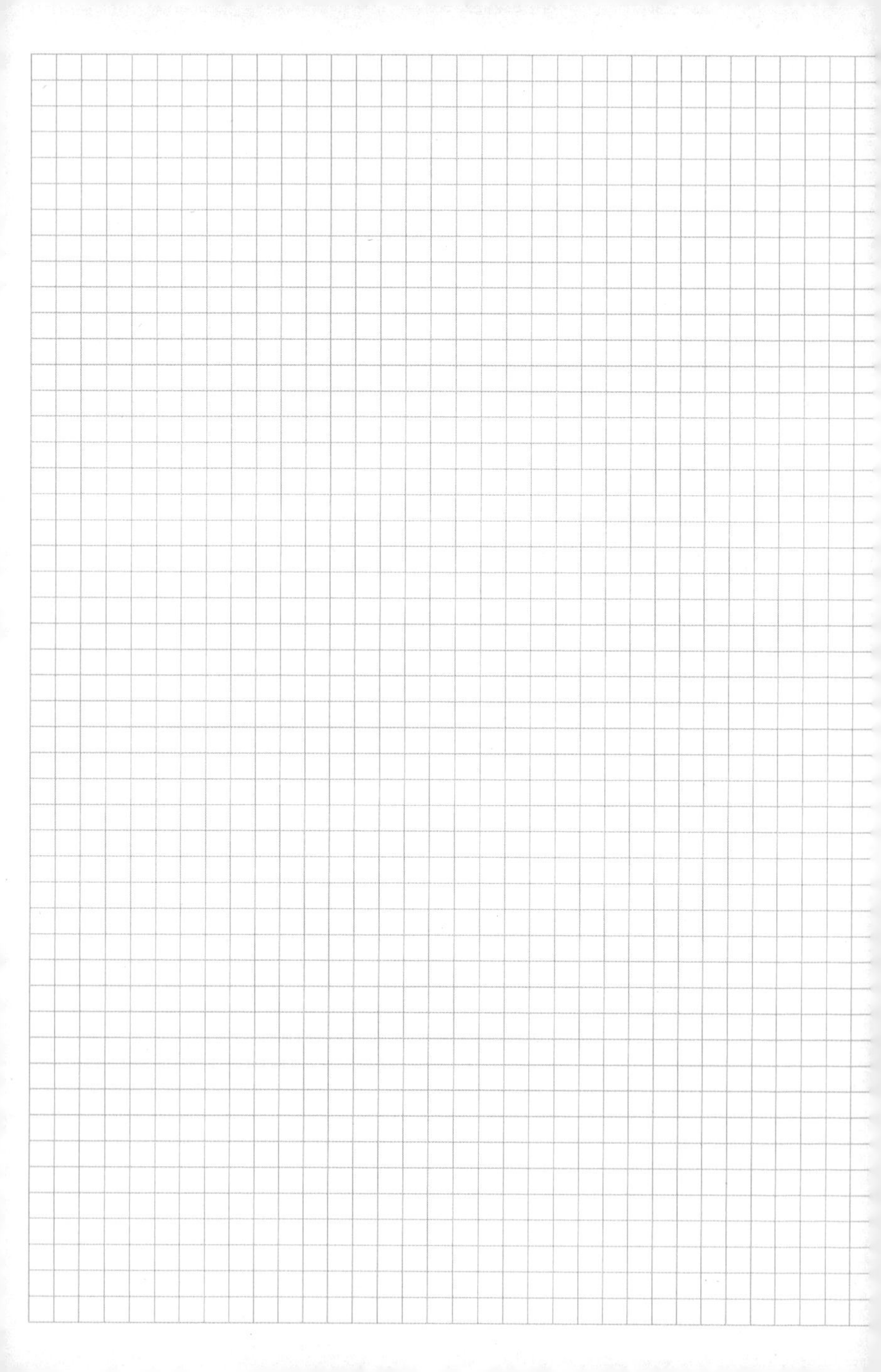

变废为宝　野菜团子真好吃

早市的菜品种多、品质好，只要时间允许，我宁可多走点路也要来早市买菜。以往早市的菜价是最便宜的，现在似乎比超市还贵。

买了两把做沙拉用的小萝卜，看看碧绿水灵的萝卜缨子，再想想菜价，没舍得扔掉。于是把计划中的蒲公英菜团子改成了萝卜缨儿菜团子，做出来的味道也不差。过去包菜团子用纯玉米面，口感又粗又干。我掺了一半白面，经过发酵松软可口。

原料

面皮

面粉：150 克

玉米面：150 克

温水：160 克

干酵母：3 克

馅料

萝卜缨：170 克（焯熟后 90 克）

鲜香菇：2 朵

油豆腐泡：4 块

红薯粉条：1 小把

油、盐、生抽、香油：适量

做法

① 将面粉、玉米面、干酵母、30℃左右的温水按比例混合在一起，揉成面团放在盆里，盖上保鲜膜等待发酵。当面团发酵至2倍大时，用手指沾面粉在面团上戳个洞，面团不回弹、不塌陷，说明发酵程度正合适。

② 等待面团发酵的时候处理馅料：挑选鲜嫩的萝卜缨择洗干净，沸水焯烫2分钟，捞起过凉水，挤干切碎；粉条煮软，过冷水，切碎；香菇和油豆腐泡切碎；所有馅料混合在一起，调入油、盐、生抽、香油，拌匀。

③ 面团发酵好，分成6个面剂，撒些玉米面防粘。擀皮包馅，码入蒸屉。

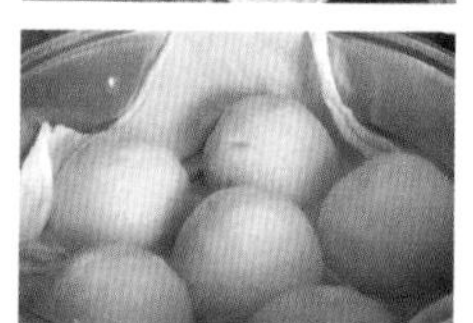

④ 蒸锅里多放些水，大火烧开，坐上蒸屉，再次开锅后转中火蒸20分钟即可。

特别说明：

馅料可以替换成任何野菜，有香菇和油豆腐提味，野菜原有的一点点苦味也就吃不出来了。

记忆中的云南味道 松茸炒饭

有朋友去云南沙溪古镇旅行，看到她发来的照片，一下子把我的记忆拉回到那个冬日午后。

彼时的我顶着正午的大太阳爬上山，看了佛窟，捡了松塔，被晒得又渴又饿。搭护林员的摩托车回到沙溪古镇，我正游荡着觅食，突然看见在四方街古戏台对面有一家咖啡店，名字叫“叶子的店”，门口小黑板上写着“招牌野生菌饭”和“素卤肉饭”。别提有多激动了，我毫不犹豫地进去点了一份“招牌野生菌饭”。

这顿饭好吃到令我词穷，晚上我又来吃了一次。在“招牌野生菌饭”和“素卤肉饭”之间纠结了半天，回想中午的美味，最终我还是选择了“招牌野生菌饭”。第二天我就离开了沙溪，叶子家的“素卤肉饭”是什么样子？什么味道？成了我的心头之谜。

那时候我对云南的菌子一无所知，叶子家用的是哪种菌子我更不知道。我用松茸仿制的菌子饭虽不同，但我相信那种让人温暖的感觉是一样的。

原料（1人份）

干松茸：4～5片

胡萝卜：2片

黄瓜：3片

米饭：1碗

油、盐、老抽：适量

做法

① 将干松茸用凉水泡软；松茸、胡萝卜、黄瓜切片，再切成小丁。

② 炒锅烧热放油，先放入松茸丁和胡萝卜丁炒透；再放入米饭，调入适量盐和老抽翻炒均匀；最后放入黄瓜丁，炒匀即可起锅。

简单高效零失败　完美的水煮莜面鱼

我家有亲戚在内蒙古，经常给我寄莜面并传授做法。从我第一次学做莜面就被告知：莜面必须要先用开水烫，再上锅蒸。我学会了，也爱吃，但很少做。莜面蒸熟后又软又黏，很容易连成一坨。家用的蒸锅小，全家人吃一顿莜面得蒸好几锅，真是挺麻烦的。没想到这个难题在一次“偶遇”中解决了。

前段时间我遇到一个北京大爷，70 多岁了，会做饭，爱聊天，我们自然就聊起了吃。大爷年轻时在内蒙古住过 20 年，特别会做莜面。他告诉我把燕麦颗粒炒熟后磨成粉就是莜面，有带皮和去皮两种，现在咱们通常吃的是去皮的。做莜面不一定要蒸，也可以用水煮，只要和面时掺一些淀粉，用冷水和面，就能煮着吃了。

亲自实践之后我觉得用这个方法做莜面鱼真是太完美了！面鱼爽滑劲道，不糟不烂，一次煮很多也不会黏在一起。每个操作环节都没有什么难度，简单高效。滑溜溜的小面鱼口感劲道，就着醇厚的西红柿汤底，全家人都爱吃。

原料（2 人份）

莜面鱼	配菜
莜面：200 克	西红柿：2 个
清水：200 克	土豆：半个
淀粉：50 克	西葫芦：半个
淀粉用土豆淀粉或玉米淀粉都可以	油、盐、生抽、白胡椒粉：适量

做法

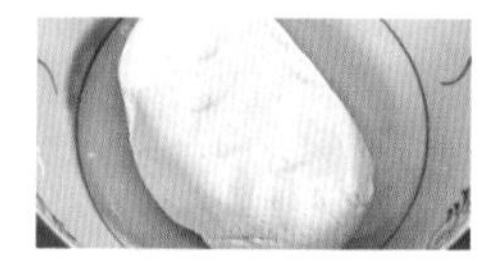

① 将莜面、淀粉、水混合，揉成面团。

② 将面团揪成小块，再用双手搓成面鱼。看着麻烦，其实干起来速度非常快，不到 20 分钟全部搓完。

③ 准备配菜：西红柿去皮切块；土豆和西葫芦切片。

④ 先用油盐把西红柿炒化，锅里加满水烧开，放入土豆和西葫芦煮 5 分钟至八分熟，再放入莜面鱼煮 5 分钟，最后加点生抽和白胡椒粉即可起锅。如果西红柿不够红熟，可以加 2 勺纯番茄酱补充调味。

精致粗粮点心　板栗仁小窝头

同事说我的食谱是“减肥神器”。没错，我就是这么瘦下来的。低脂饮食已经成为我的习惯，无论什么食谱我都能迅速把它们改良成低糖低脂版。趁早养成良好的饮食习惯，受益终生。

这锅板栗仁小窝头我带到公司作为加餐吃了一周，凉吃热吃差别不大。每个小窝头里包裹着一颗完整的板栗仁，吃的时候每一口都有所期待。粗粮变成了精致点心，热量低，没负担。

原料（12个）

玉米面：200克

白面：200克

水：200克

干酵母：3克

板栗仁：12个

做法

① 将3克干酵母粉溶在不超过40℃的温水里；将白面、玉米面等比例混合。

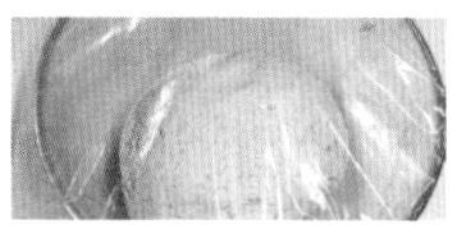

② 将酵母水慢慢倒入面粉中，揉成面团，碗口盖上保鲜膜，放在温暖处等待发酵。

③ 两小时后，面团发酵膨胀至2倍大。

④ 将面团反复揉匀，分成约50克一个的剂子，按扁，放入一粒板栗仁，像包汤圆一样把板栗仁包起来，整理成窝头形状。放置15分钟使面团恢复蓬松。

⑤ 蒸锅烧开，铺上淋湿的笼屉布，码入小窝头，再开锅中火蒸20分钟即可。

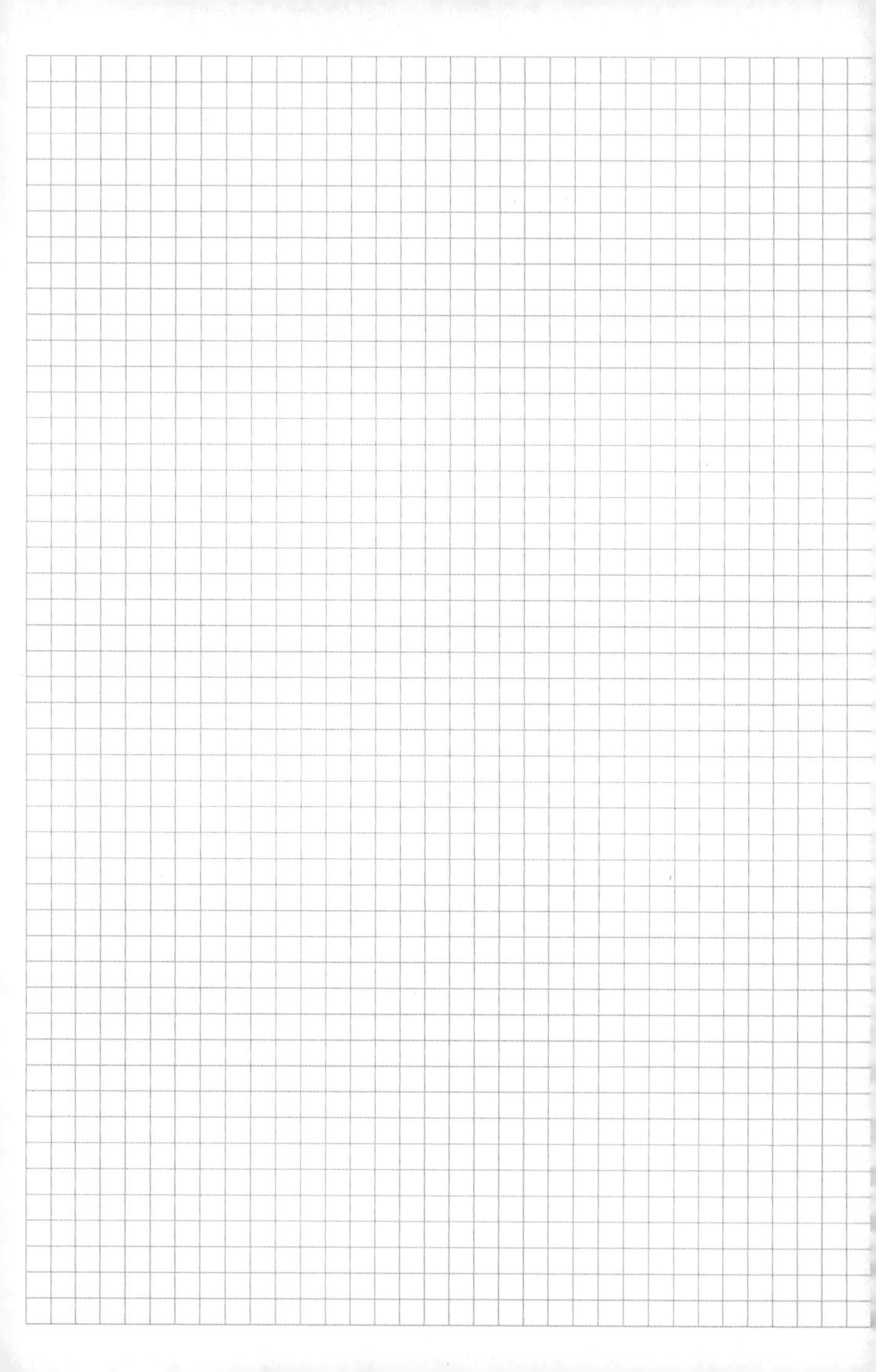

没有条件创造条件　荠菜春笋大馄饨

我最喜欢的饺子是“荠菜罗汉笋”馅的，家门口的超市就能买到。纯素配方，个头小小的，可以当馄饨吃。我常常想，一定要自己做一次真正的馄饨，用荠菜和春天里最嫩的笋。

当春笋季到来的时候，我火速网购了最好的天目山雷笋，又买了冷冻保鲜的荠菜，吃上了梦想的荠菜春笋大馄饨，幸福感油然而生。

原料

荠菜：300 克（焯水挤干后）
春笋：2 根
豆皮：1 大片
油、盐、生抽：适量
香菜、紫菜、香油：适量
馄饨皮：500 克

做法

① 春笋去壳，煮 3 分钟去除草酸。

② 将焯好晾凉的春笋切碎，在油锅里炒香，加少许生抽翻炒均匀，盛出备用。

③ 如果用的是新鲜荠菜，先择洗干净，再焯水挤干后切碎。豆皮切碎，和荠菜、春笋混合，加入适量油盐拌匀。

④ 超市里买来现成的馄饨皮，不一会儿胖呼呼的荠菜春笋大馄饨就包好了。

⑤ 如果馄饨皮很厚实，馄饨包好就可以下锅煮了。如果馄饨皮太软，担心煮破，可以用蒸的办法，大火蒸 5 分钟。蒸出的馄饨皮有点硬，浸在热汤里就会变软又不会破皮，正合适。

⑥ 煮一锅香菜紫菜汤，调入生抽、盐、香油，泡入蒸好的馄饨就可以吃了。

我的镇店之宝　番茄豆酱面

作为一个“面条狂人”，我曾经有个不靠谱的梦想——开一间小面馆，用我最喜欢的这道番茄豆酱面作为招牌。浓香的番茄豆酱卤，冬天配热乎乎的锅挑面，夏天配过冷水的凉面，四季皆宜，好做又好吃。

然而这些年我家周边的小面馆转手很快，即使看起来生意很红火的店也撑不过两年，大概是利润太薄难以支撑高昂的房租成本吧。看着那些面馆纷纷倒下，开间属于自己的小面馆依然是我的梦想。

人还是要有梦想的，万一实现了呢。

原料（3人份）

番茄：3个　　黄豆酱：1汤勺

豆腐干：150克　　油、盐：适量

尖椒：2根　　生面条：1千克

做法

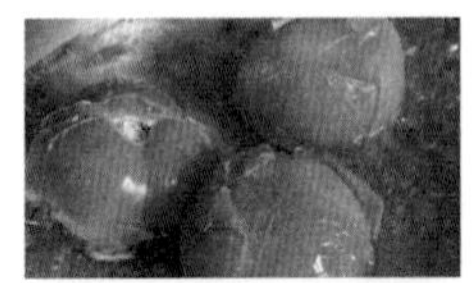

① 番茄顶部用刀划十字，在开水锅里烫至表皮开裂后去皮。

② 番茄切成块；尖椒切成圆圈（这样切不用接触辣椒内部，不辣手）。

③ 炒锅烧热倒油，放入去皮的番茄块略微翻炒均匀，加盐，炒至半数番茄化成汤汁的时候，加入豆腐干和黄豆酱炖煮 2 ~ 3 分钟。

④ 最后加入尖椒圈，翻炒至断生即可关火盛出，番茄豆酱卤就做好了。

⑤ 烧一大锅开水，放入面条煮熟后捞起，过几遍冷水沥干盛入碗中，浇上番茄豆酱卤。爽滑的面条裹着微微酸辣、酱香浓郁的汤汁，别提多好吃了。

特别说明：

1. 不吃辣的可将尖椒换成不辣的青椒。
2. 冬天的番茄出汁少，可适当加水和纯番茄酱弥补。

香软可口　全世界都爱的土豆饼

我最近看了获奥斯卡四项大奖的电影《西线无战事》，之后又补看了原著。这是一部反战题材的小说，以年轻德国士兵的视角反映战争的残酷。书里有一段关于土豆饼的情节：保罗跟几个战友奉命看守仓库，他们在附近废弃的村庄里找到食材做了一顿大餐。保罗冒着中弹的危险煎了一大摞他最爱吃的土豆饼，用身体护着盘子跑回营地。为躲避子弹他宁可自己摔倒也决不让一块土豆饼掉落。这段内容电影里没有，但原著里这段文字给我留下了深刻的印象。

我不知道保罗的土豆饼具体是怎么做的，不过我的朋友曾教过我一个中国东北地区土豆饼的做法，想来应该都差不多吧。

原料（3 人份）

中等大小的土豆：2 个（700 克）

小葱：2 ~ 4 根

面粉：250 克

油、盐：适量

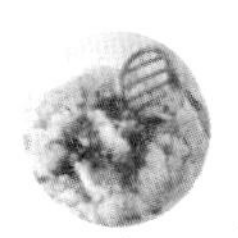

做法

① 土豆去皮切块，蒸20分钟；小葱切碎。

② 土豆压成泥，加入盐和小葱。

③ 土豆泥中一点点掺入面粉揉成面团，分成几小块，用手按压成手掌大的薄饼。

④ 平底锅倒一薄层油，放入土豆饼，煎1分钟翻一次面，来回翻几次，4～5分钟即可煎熟。

养成吃粗粮的习惯　从南瓜馒头开始

多吃粗粮的好处大家都知道：增加纤维素、平稳血糖、减少热量摄入，等等。可实际执行起来，粗粮却有不易熟、口感粗糙等问题。养成吃粗粮的习惯，我们可以从最简单易行的做法开始。煮米饭时加一把小米，蒸馒头时加几块南瓜，烤饼干时加半杯燕麦粉，不但不影响味道，甚至吃起来更香。如此循序渐进，慢慢地接受度越来越高，也就不嫌麻烦了。

原料

低筋面粉：100 克	酵母：2 克
玉米面：100 克	葡萄干：5 粒
熟南瓜泥：130 克	

做法

① 老南瓜一块，去皮去籽，切成小块蒸 20 分钟，晾凉压成泥。

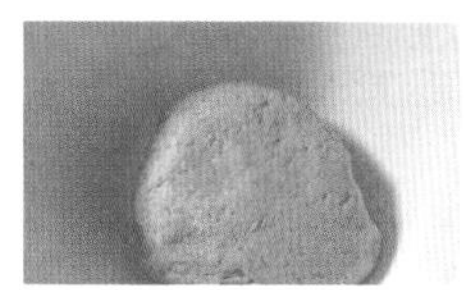

② 将低筋面粉、玉米面、酵母混合搅匀，加入南瓜泥揉成面团。盖上保鲜膜和盖子，等待面团发酵。

③ 面团发酵完毕，将面团揉匀，分成约50克一个的小面团（我留了一点面做了几个小玉米）。

④ 将面团整理成扁圆形，用小刀划出纹路，顶部放一粒葡萄干。

⑤ 放置15分钟，使面团恢复蓬松。

⑥ 蒸锅烧开，放入蒸屉蒸25分钟即可。

特别说明：

配方里没有用水，用的是最普通的老南瓜，含水量高。

燕麦馒头

原料

面粉：200克

燕麦粉：50克

水：130克

酵母：1.5克

煮饭有技巧　恰到好处的藜麦饭

无论是在健身圈还是素食圈，藜麦都是当之无愧的健康食品。因其营养成分全面且配比合理，藜麦被联合国粮食及农业组织称为完美的“全营养食品”，它高蛋白、高纤、低糖的特性使藜麦深受健身、减肥、素食人群的喜爱。

藜麦原产于南美，早些年国内刚引进的时候价格贵得吓人，属于“东西再好也吃不起”系列。近几年在国内适宜地区推广种植藜麦，成本大大降低，我们可以天天吃了。

藜麦有白、黑、红三种颜色，口感最好的是白藜麦，饱满、劲道、有香味，单独吃味道就不错。黑、红藜麦更适合与其他杂粮混合食用。用电饭锅煮藜麦饭不太好控制时间，往往煮得过软。我更喜欢用铸铁锅或者砂锅，很容易就能煮出一锅恰到好处的藜麦饭。

原料

藜麦

做法

① 藜麦颗粒细小，淘洗时极易随水流走，所以要用细网眼的淘米盆。将藜麦反复清洗几遍，按照1杯藜麦加2杯水的比例放入锅里，盖上锅盖，点火煮饭。

② 水开后转小火，大约15分钟，煮至水收干，藜麦露出小尾巴（胚芽），用木铲将藜麦饭翻均匀，关火，盖上锅盖继续焖10分钟即可。

③ 煮黑藜麦也是同样的方法。

④ 藜麦饭煮好了，想怎么吃随意。可以拌在沙拉里丰富口感，或者放到粥里均衡营养，当然更可以直接当主食吃。

素菜

不加一滴水　原汁口蘑烧蚕豆

为鼓励员工自己带饭，公司添置了好几个微波炉，我又恢复了天天带饭的生活。每当带了自己特别喜欢的菜，从早上到了公司就开始惦记中午这顿饭，好像这一天都有了盼头。

青蚕豆就是我的最爱之一，但只有春天才有。新上市的青蚕豆鲜嫩得可以连皮一起吃，得抓紧时间多吃几次。菇类富含氨基酸，自带提鲜功能，口蘑烧蚕豆鲜香浓郁，可口下饭，值得推荐。

原料

口蘑：500 克

青蚕豆：250 克

油、盐、老抽：适量

做法

① 口蘑洗净切片。

② 炒锅烧热放油，倒入口蘑片翻炒3分钟，至口蘑片出水变软。

③ 加适量盐和老抽，放入青蚕豆，小火慢慢翻煮4～5分钟。新鲜的口蘑出汁多，一般不需要再加水。

④ 最后炒至汤汁收干即可。不加一滴水，用蘑菇汤汁煮熟的嫩青蚕豆非常美味。

特别说明：

没有青蚕豆的季节，可用口蘑烧豆腐，方法一样。

吃出松茸的气势　煎杏鲍菇配西葫芦

我已经好几年没买过新鲜的松茸了，因为一年比一年贵。我总觉得花那么多钱在运输和保鲜上有些不值得，不如以后找机会去云南吃最新鲜的，况且本地好吃的东西那么多，都吃不过来呢。

与昂贵的松茸相比，人工大棚培育的杏鲍菇简直就是性价比之王。用油稍微煎一下，激发出蘑菇的香气，只需一点盐调味就非常好吃。最重要的是，杏鲍菇不受季节限制，四季都能吃上。稍微摆个盘就能假装吃出松茸的气势，再想想只需几块钱，顿觉更不错了。

原料

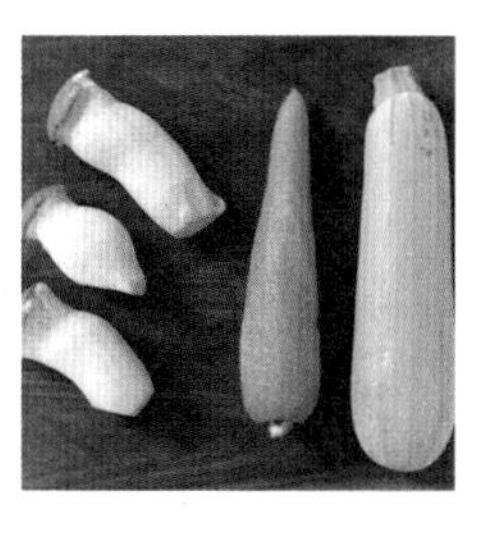

杏鲍菇：2～3根

胡萝卜：半根

西葫芦：半个

油、盐、黑胡椒：适量

做法

① 将西葫芦切成粗丝。

② 西葫芦丝装在大碗里撒上盐抓匀、腌出水分；杏鲍菇斜切成大片；胡萝卜切成丝。

③ 在杏鲍菇片表面浅浅地划几刀（别切断）。

④ 用油煎至两面焦黄，盛出装盘。

⑤ 锅烧热放油，先下胡萝卜丝炒软，再放入挤干水分的西葫芦丝，快速翻炒1～2分钟出锅。西葫芦是用盐腌过的，不要再放盐。

⑥ 最后摆盘，在煎好的杏鲍菇上撒一点点盐和黑胡椒。

好吃有秘诀　油豆腐烧冬瓜

许多年前，我的一个朋友闲来无事去外面参加了个厨师培训班，回来跟我们说："厨师们做菜都要先过油或过水（油炸或焯开水），不这样处理一下菜就没法做。"我记得这么清楚是因为那时候还年轻，下厨经验少，权当是个笑话。

后来结婚成家，自己做饭，我的风格一贯是删繁就简，能省一步的绝不多做一步。做多了饭后，我慢慢发现，有时候少了这一步在味道上确实差不少。比如烧冬瓜，要先用开水焯过，使内部组织变疏松，再烧就会更容易入味，要想收获好味道是不能怕麻烦的。没有白走的路，每一步都算数，做菜亦如此。

原料

毛冬瓜：半个（去皮后约600克）

油豆腐泡：8块

香菜：1把

油、盐、生抽：适量

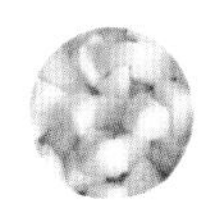

做法

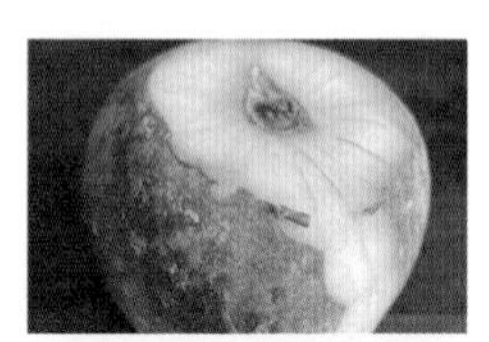

① 圆滚滚的毛冬瓜容易打滑，我一般是这样去皮：先在冬瓜顶部和底部各切去一片，这样处理过的冬瓜底部平稳，顶部也容易下刀，再用菜刀从上往下切削去皮。

② 冬瓜去皮去瓤，切成小块；油豆腐对半切开；香菜切碎。

③ 烧开一锅水，放入冬瓜，水开后再煮 5 分钟，煮到冬瓜微微透明，捞起沥干。

④ 油锅烧热，放入煮过的冬瓜和油豆腐，炒 1 分钟，加适量盐和生抽翻炒均匀，最后放一把香菜起锅。不忌五辛的可以把香菜换成蒜末，味道更好。

简单营养减脂餐　秋葵蒸豆花

经历过减肥的人都知道，减肥不难，难的是保持住、不反弹。对大多数人来说，不论是管住嘴还是迈开腿，坚持两三个月总是能做到的。那么两三年呢？一辈子呢？越简单才能越持久，万事皆如此。一顿简单营养的减脂食谱远比一篇大道理更实用。

我有每天称体重的习惯，当我觉得体重有上升趋势的时候，就会调整饮食结构，晚餐减少碳水，增加蛋白质。内酯豆腐是不错的选择，我用它代替豆花，加上秋葵蒸几分钟，用小料调味，蛋白质、蔬菜都有了。这一碗嫩滑的豆腐吃下去很有饱腹感，不吃主食也不饿，四季都适宜。

原料

内酯豆腐：1 盒

秋葵：4 ～ 5 根

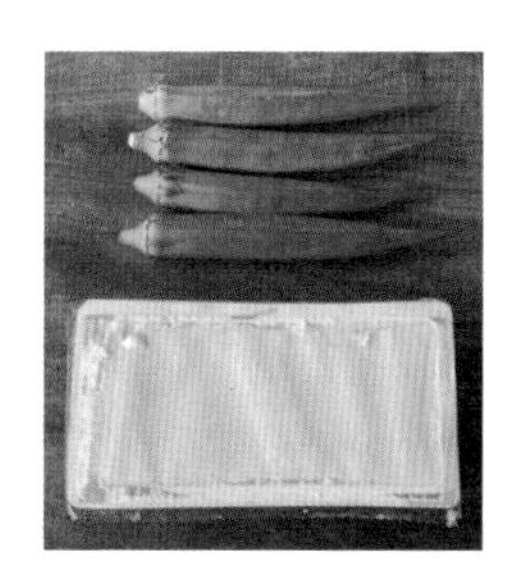

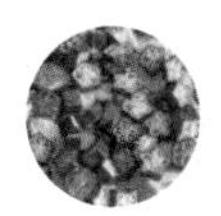

小料

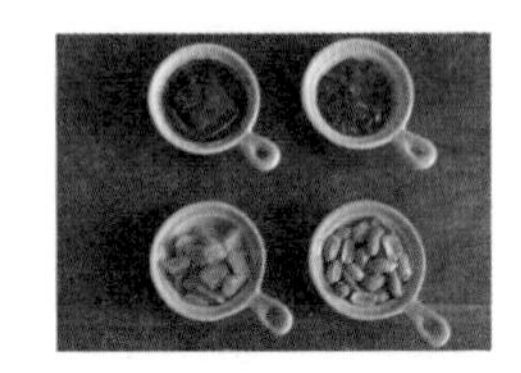

榨菜粒（切碎）、熟花生仁（压碎）、
腐乳汁、剁椒

做法

① 将内酯豆腐盛到大碗里；秋葵洗净切片码在豆腐上。

② 蒸锅烧开后放上蒸屉，大火蒸 5 分钟关火。取出大碗，晾至不烫口时撒上小料即可食用。

辣白菜豆腐锅

辣白菜切小块放入汤锅，少加一点水烧开煮 5 分钟，舀入内酯豆腐再煮 3 分钟。这一碗吃下去极有满足感。

泡面豆腐锅

偶尔嘴馋想吃泡面，特别饿的时候吃一袋吃不饱，两袋吃不下。这时候加一盒内酯豆腐煮个泡面豆腐锅，完美解决。

精准计时炒菜法　7 分钟的炒豇豆

豇豆是我从小就爱吃的菜，但我平时做的次数并不多，因为总是掌握不好火候，要么不太熟，要么烂过头。后来我想了个笨办法，记录每次炒豇豆的时间，最后总结出：炒豇豆的最佳时长是 7 分钟。从此以后我的炒豇豆质量稳定，次次好吃。

我一向认为做菜计量、计时是件无趣的事，可我不得不承认这是提高厨艺最简洁高效的方法。我的意思不是说，每个人炒豇豆都必须用 7 分钟，因为食材的品种、产地不同，锅具的薄厚、导热不同，都会影响炒菜时间。可以根据自己的实际情况，养成勤记录的习惯，比如：焯冬瓜用 5 分钟，煮粉条用 10 分钟……找到适合自己的时间。

原料

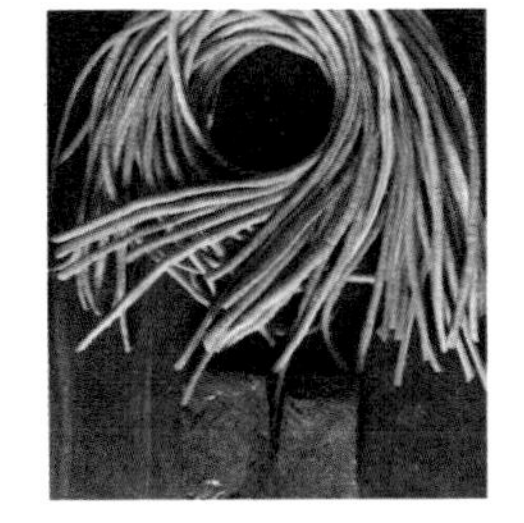

豇豆：500 克

熏干：200 克

油、盐、生抽：适量

做法

① 豇豆择洗干净切成寸段；熏干切成和豇豆差不多大小的条。

② 炒锅烧热倒油，放入豇豆，开始计时。豇豆不太出水，炒的过程中如果觉得太干可加一点点水，以锅铲能顺滑地翻动为宜，水炒干了就再加一点点。炒到5分钟的时候，放入熏干、盐、生抽，继续翻炒，计时器显示到7分钟的时候即可起锅。

③ 简简单单炒出来的豇豆软中带脆，恰到好处。

特别说明：

许多豆制品好吃是因为先用油炸过，再用各种调料浸泡，所以味道浓郁。熏干也是一种豆制品，但它的成分很简单，配料表显示只有大豆和水及一些必需的食品添加剂。没有油，没有调味料，空口吃有烟熏的味道。日常我更喜欢用熏干做菜，减肥的时候甚至拿它当零食，既补充蛋白质又不担心长肉。

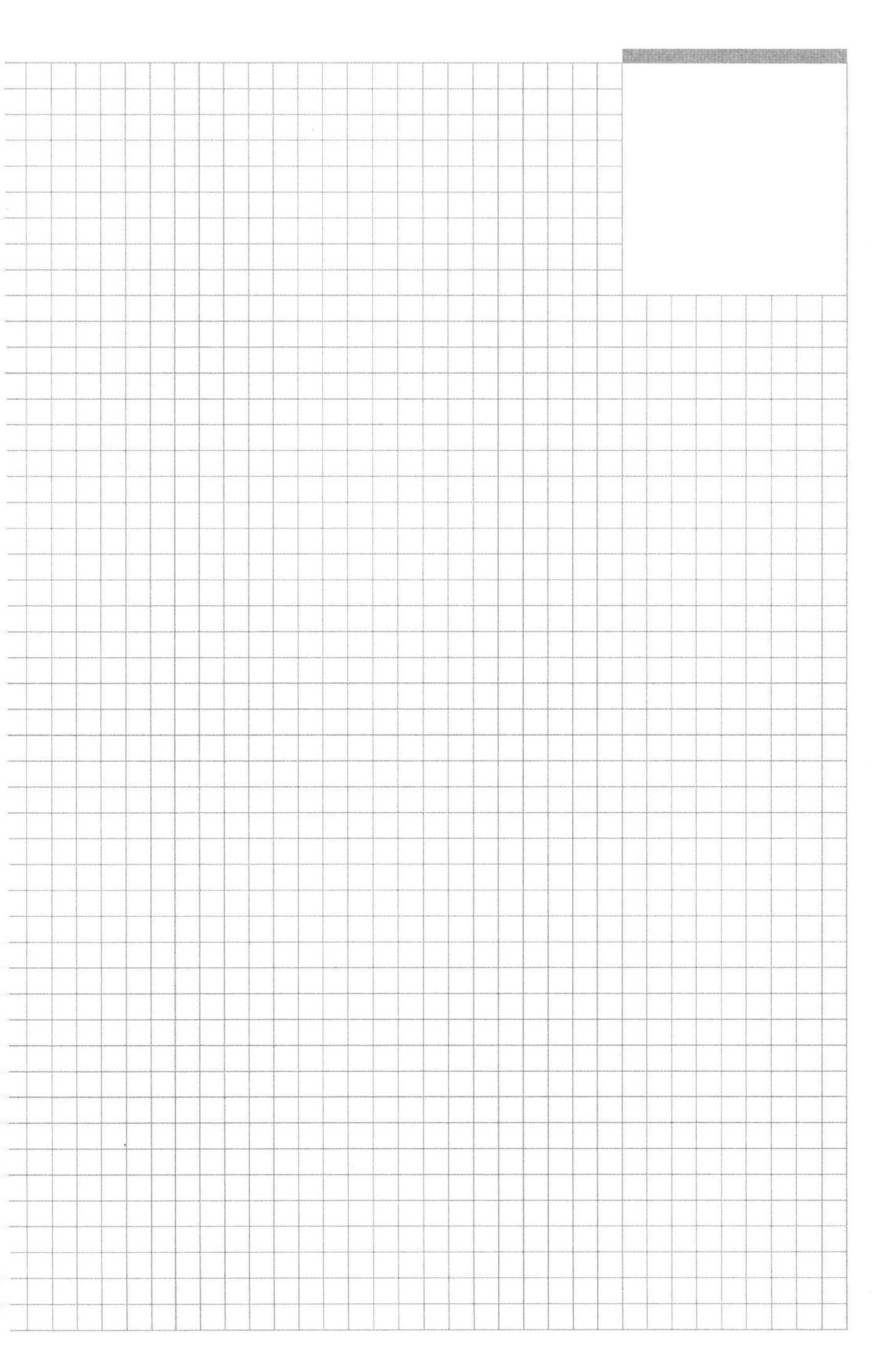

可以炒着吃的泡菜　四川泡菜炒粉条

有一次我在饭店吃自助餐，餐台上有个玻璃泡菜坛子，看到里面的泡菜红红白白，很是诱人，于是取了几块白萝卜。第一口我就尝出来是用醋泡的，不是真正的四川泡菜。四川泡菜的酸味是乳酸菌发酵产生的，是由内而外的酸，相比之下醋泡菜的酸更浮于表面。

自己做四川泡菜虽好，但有时候泡得太酸了，牙齿受不了。这时候可以拿泡菜来炒菜，多加些配菜，开胃的同时还能降低酸度。比如用泡菜圆白菜炒粉条，我做了几次家人很喜欢，每次都能光盘。

原料

四川泡菜（圆白菜）：1碗

泡菜姜：2片

红薯粉条：1把

油、老抽：适量

做法

① 将泡菜圆白菜手撕成小块；泡菜姜切碎；红薯粉条煮熟，过冷水冲凉，剪短。干的红薯粉条一般需要 10 ~ 15 分钟才能煮熟，不同品牌因加工方法不同，煮熟所需时间有差异，第一次煮的时候要看着点，以免煮过头。

② 锅烧热放油，放入泡菜姜末炒香，然后放入泡菜圆白菜炒 2 ~ 3 分钟，再放入粉条。

③ 最后调入老抽，翻炒均匀即可出锅。泡菜本身有咸味，加一点老抽就够了，不需要再加盐。热着吃更酸一点，凉着吃味道也很好。

偶尔解馋　香而不腻的香菇藕丸

我常常有这样的感觉：人在闲适的时候味觉比较敏感，越忙味觉越迟钝。所以，人们早餐往往喜欢吃清淡的饮食，而晚餐大多喜好重油重盐重辣。尽管现在健康饮食的主流趋势是少油甚至无油，但是我们有时也想吃些重口味的东西来刺激一下疲惫的精神。

老北京人喜欢吃炸素丸子，主料就是胡萝卜和面粉，超市里的主食厨房或路边熟食店都有的卖，下班路上顺手买点儿带回家，比肉丸子受欢迎。买着吃省事，可终究不如自己做的好吃、放心。

炸素丸子好比盖房子，先用有硬度的蔬菜做钢筋搭起骨架，再用面粉做水泥糊上墙，最后下油锅干燥定型。香菇藕丸正是这样一道解馋的小食，菌菇香味被热油激发出来，搭配莲藕的清香，并不觉得油腻。

油炸食品不宜常吃，不过偶尔放纵一下，身心适度满足才有力量继续前行。

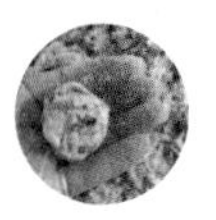

原料（30 个丸子）

莲藕：390 克
胡萝卜：140 克
泡发香菇：120 克
香菜：30 克
面粉：150 克
盐：适量

做法

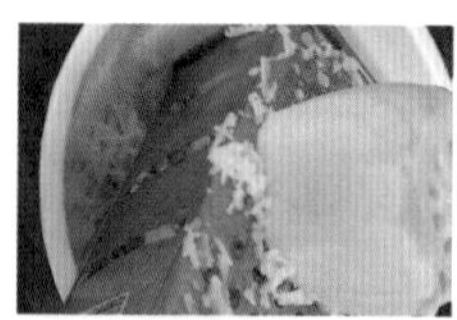

① 莲藕和胡萝卜去皮，用擦板擦成丝。

② 将香菇和香菜切碎，与藕丝、胡萝卜丝混合在一起，加适量盐拌匀，静置 15 分钟，腌出水分。

③ 向菜碗中一点点加入面粉，拌匀，直至能用手团成丸子。

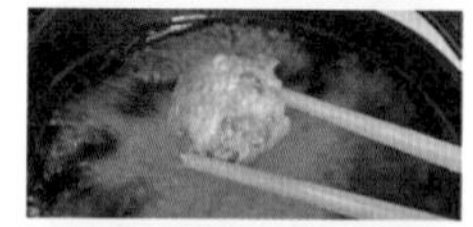

④ 油锅烧热，放入藕丸。油量要没过丸子，油温不能太低，中小火炸 5 分钟，捞起晾凉。

⑤ 等炸过的丸子全部晾凉，此时丸子会有些回软。把油锅烧热，丸子再次入油锅炸 2 分钟，复炸过的丸子外焦里嫩更好吃。

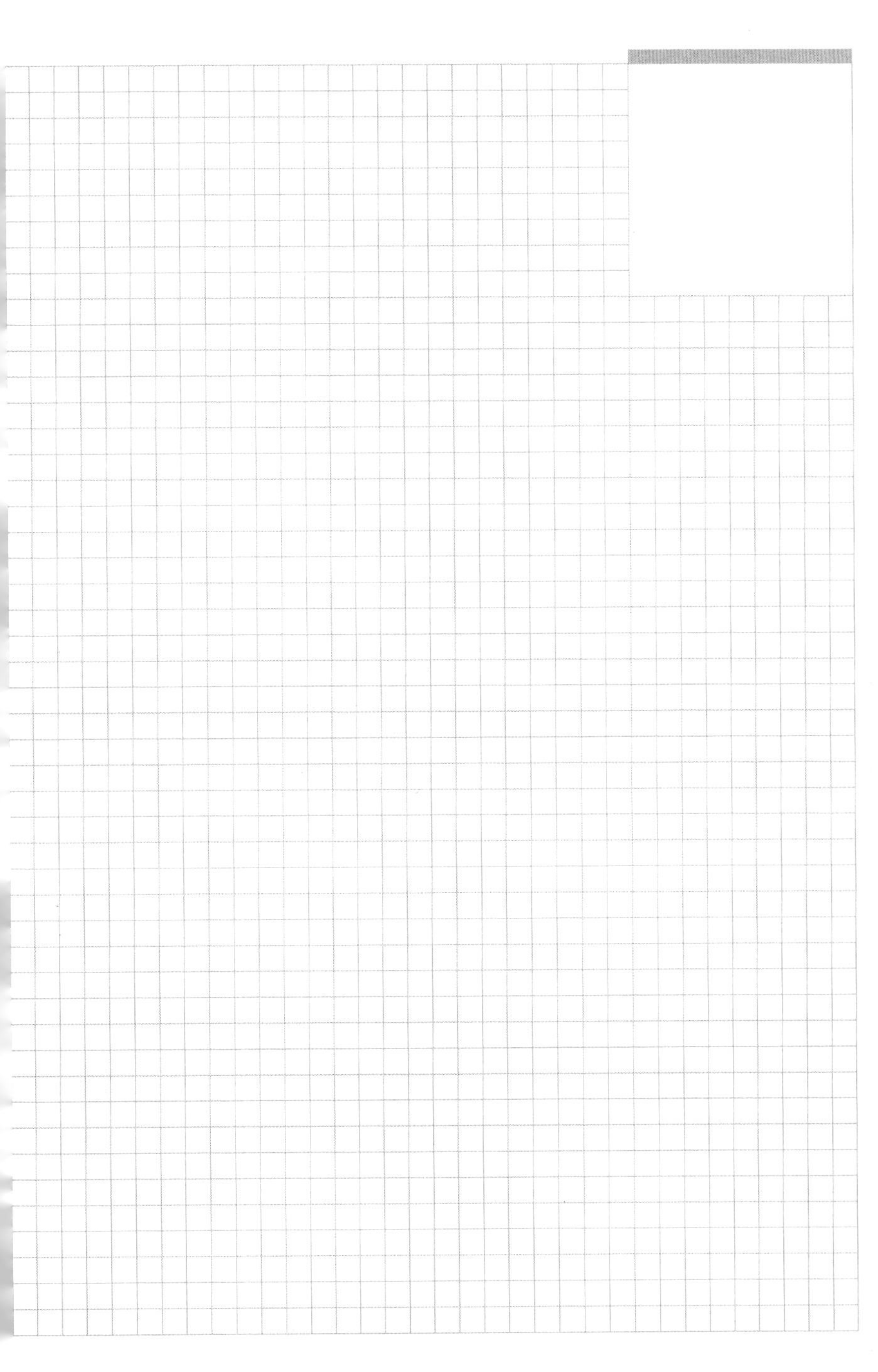

万物安生时　菌汤清炖白萝卜

歌手李健2023～2025世界巡回演唱会的主题叫“万物安生时”，首场是从11月份开始的。这个主题和时间让我脑补出一幅猫冬的画面。辛苦劳作一年，终于可以休息了，做点好吃的，看看演出，养好精神等待来年再战。

北方的冬天是吃萝卜的季节，素有“冬吃萝卜，夏吃姜”的说法，到处都有便宜又新鲜的大白萝卜卖。多年前我在新浪写博客的时候，曾有博友询问素的白萝卜汤怎么做好喝，我当时的回复是加入香菜，这个搭配直到现在我都很喜欢。和简单清爽的香菜萝卜汤相比，今天的菌汤清炖白萝卜可算是高配版的。

在网上买混合搭配好的云南菌子包，清甜的萝卜平衡了菌子的涩味，菌子的鲜香溶入了萝卜汤，只用这碗菌汤炖萝卜泡白米饭我就能吃得很满足。

原料

干菌子：多种混合（30克）
白萝卜：小半根（300克）
香菜：2根
盐、生抽：适量

做法

① 将干菌子冲洗干净，用温水浸泡 30 分钟，留一些干净的泡菌子水备用；白萝卜去皮切厚片。

② 菌子放入汤锅，加入留用的泡菌水，再添满清水，烧开煮 10 分钟后放入萝卜，加盐和生抽，小火煮 1 小时至萝卜绵软。因炖煮时间长，水分蒸发较多，尽量用大汤锅、多加水。

③ 最后加入香菜即可起锅。

重口味版炖白萝卜

如果觉得菌汤炖萝卜太过清淡，可以试试这道重口味版的炖萝卜，吃起来很像便利店的关东煮。只用黄豆酱和腐乳做调料，简单至极。黄豆酱和腐乳本身都经过长时间发酵，用它们炖菜酱香浓郁，入口有层次感。在食材的选择上，莲藕、萝卜、海带、豆皮、荸荠等都是耐煮的，一次性加足了水，记好时间别烧干，其他的就不用操心了。

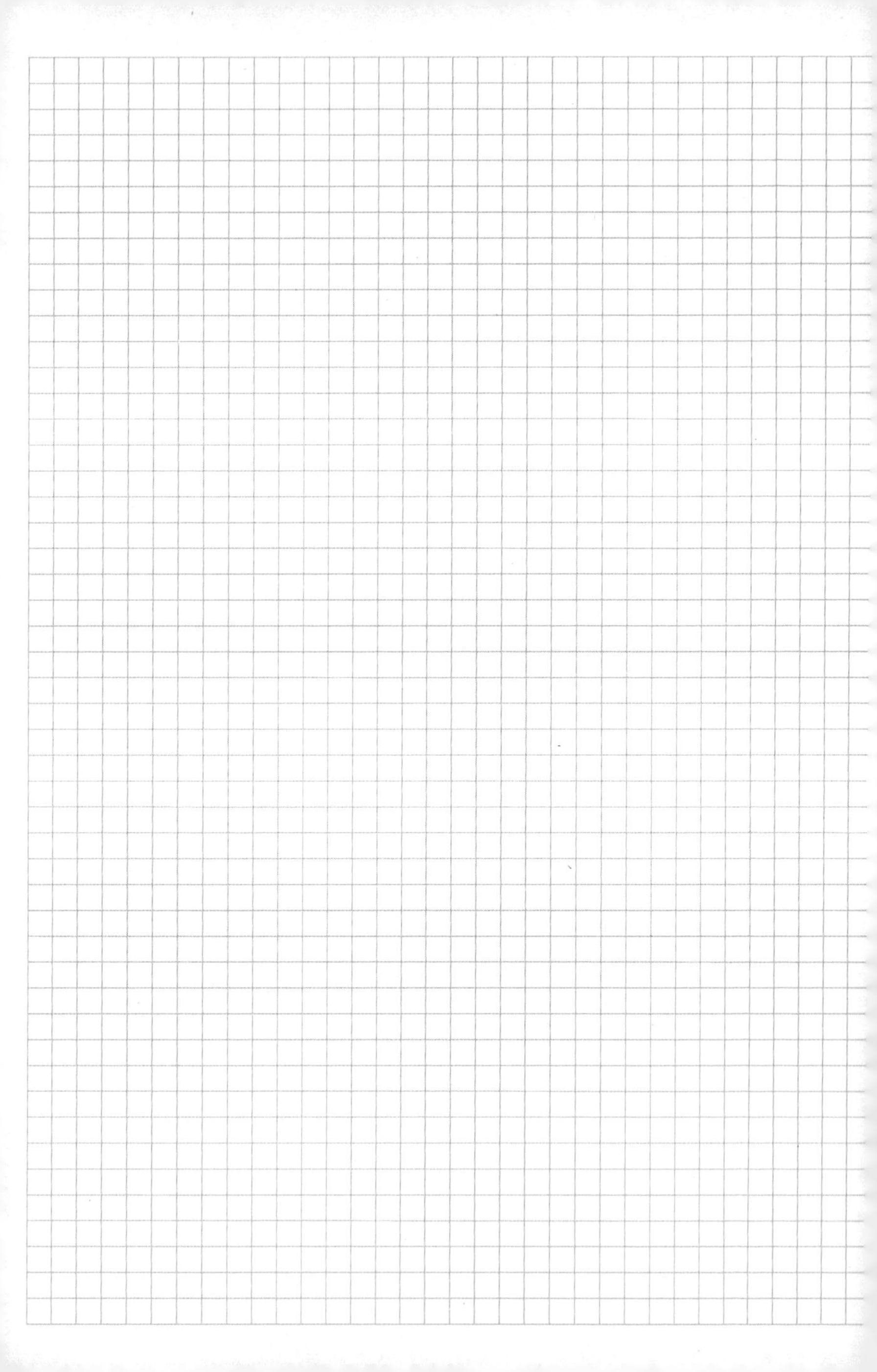

鲜香一锅蒸　上汤丝瓜豆皮

我喜欢用口蘑做菜，家常、便宜、容易买到。用口蘑炒出的汤汁当作上汤，搭配其他清淡的食材一起清蒸，既能提鲜又不会盖住食物的本味。比如用我前些日子买的葫芦岛干豆皮和甜嫩的丝瓜一锅蒸了，鲜美可口，低脂低热量，多吃些也不担心长肉。

原料

丝瓜：1根

口蘑：6～8个

豆皮：80克

油、盐、生抽：适量

做法

① 将豆皮折叠起来，切成细丝；丝瓜去皮切成滚刀块，浸在凉水里防止变色。

② 口蘑切成片，用油盐炒出汤，加生抽炒匀，关火备用。

③ 豆皮丝铺在盘底，上面码丝瓜块。

④ 将炒好的口蘑连汤汁一起浇在丝瓜豆皮上；蒸锅放水烧开后，放入盘子，蒸 7 ～ 8 分钟即可。豆皮和丝瓜吸收了口蘑的汤汁，格外鲜美。

特别说明：

葫芦岛的豆皮在当地叫干豆腐，特点是薄、香、有韧性。我在当地吃过一次之后念念不忘，每年冬天都会网购一批，分成小份放冰箱里冷冻保存，能一直吃到夏天。

有故事有情怀　春雨沙拉

逛超市偶然看到一款叫“绿豆春雨”的粉丝，我马上买了一包，因为想起日剧《深夜食堂》有一集“春雨沙拉”。故事讲的是一个少女因暗恋的男生爱吃春雨沙拉而喜欢上这道菜，转眼人到中年，有情人未成眷属，但这道菜陪伴了她几十年。春雨沙拉其实就是凉拌粉丝。

还有一个把粉丝叫作春雨的是作家三毛。她在一篇散文中写到她的先生荷西不知道粉丝是什么，三毛信口骗他说，这是春天下的第一场雨，下在高山上，被一根根冻住了。把它们从山上采摘下来就是粉丝。荷西当然不信这个说法，但是他也不知道粉丝为何物。我理解荷西。我小的时候一直以为粉丝是种出来的，像柳条一样长在树上，吃的时候裁下一段，随吃随砍。后来我才知道粉丝是用绿豆做的。

一道普通的菜因为有了回忆而变成故事。也许今后每逢春雨，你也会想起这道春雨沙拉。

原料

粉丝：50 克	芝麻酱：1 勺
泡发黑木耳：50 克	清水：2 勺
胡萝卜：50 克	生抽：半勺
小黄瓜：100 克	陈醋：半勺
豆皮：50 克	盐：适量

做法

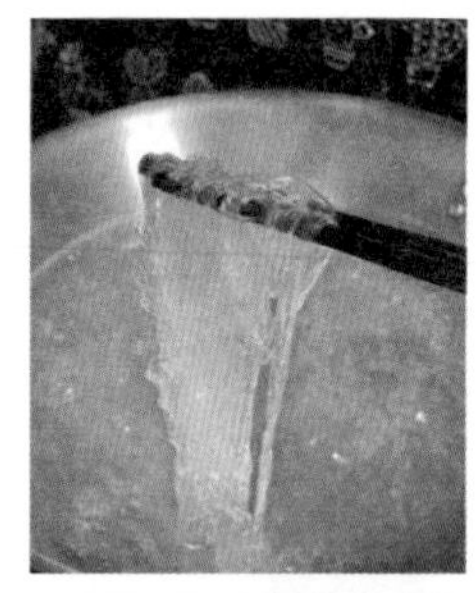

① 将粉丝放入开水锅里煮软，捞起，过冷水，沥干备用。

② 黑木耳提前泡发，在开水锅里煮 2 分钟，捞起，过冷水，撕成小块。

③ 胡萝卜切成丝，在开水锅里烫 1 分钟捞起。

④ 豆皮切成条。

⑤ 黄瓜切成小圆片，用盐腌出水分，挤干。

⑥ 一勺芝麻酱盛入小碗，加两勺凉开水稀释搅匀，再加适量生抽、陈醋、盐混合成调味汁。

⑦ 将所有的原料和调味汁混合在一起，拌匀，一碗咸香爽滑的春雨沙拉，非常适合春夏季节食用。

汤水

补水润燥多喝汤　南瓜山药浓汤

如同北方人不理解南方冬季的湿冷难熬，南方人也无法理解北方的冬季有多么干燥。这么说吧，在北方，泡发好的笋干如果没有及时做成菜，一天以后就又变回笋干，就是这么夸张。

所以，北方的冬天补水是关键。外补靠加湿器和各种具有保湿补水功效的护肤品，而内补就要多喝水喝汤了。清淡无油的素汤是首选，像这道南瓜山药浓汤，清甜营养，补水润燥，不会给身体带来额外的负担。

原料

南瓜：2 块
铁棍山药：1 根
西葫芦：1/4 个
盐、白胡椒粉：适量

做法

① 南瓜蒸熟，加入清水，用料理机打成汁。

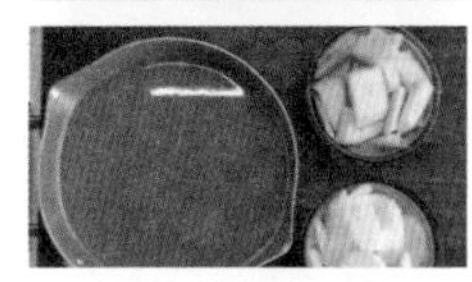

② 铁棍山药去皮切片；西葫芦洗净切片。

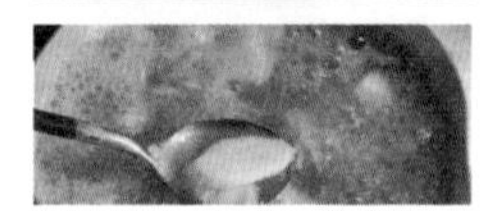

③ 将南瓜汁倒入汤锅中，烧开后加入山药片，煮 10 分钟，再放入西葫芦片煮 5 分钟，调入盐和白胡椒粉即可。

南瓜豆浆

南瓜豆浆的做法更简单，只需将蒸熟的南瓜和豆浆一起放入料理机打 20 秒即可。南瓜加豆浆的组合有一种奶香味，用料理机搅打产生的泡沫有奶昔般香甜细腻的口感。

不加糖自甘甜　罗汉果冬瓜茶

正午时分天气燥热，要是有一杯甜甜的冰镇饮料就好了。炎热的感觉令我回想起某次在台湾旅行时喝到的冬瓜茶，此刻光是想想便觉得清凉。

传统冬瓜茶的做法特别简单，冬瓜加红糖长时间熬煮就行了。古早味里有一些食材不再符合现代人对健康饮食的追求，所以我用自带甜味的罗汉果代替糖，只需半个就足够甜，不用额外添加糖，更健康。罗汉果有深浅两种颜色，浅色是现代工艺低温烘干而成，深色是传统方法高温干燥而成。两者甜度差别不大，可能低温干燥的保留营养成分多一些。

原料

冬瓜：500克

罗汉果：半个

水：1000克

做法

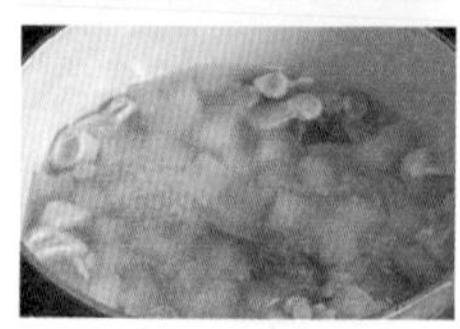

① 冬瓜洗净，连皮切成小块；用菜刀将罗汉果拍碎，取用半颗；将所有原料放入汤锅，加满水。

② 大火烧开后转小火煮1个小时，如果水分流失较多可中途添水。

③ 滤出汤汁冰镇喝，自带甘甜，味道像梨汤。

罗汉果藕汤

用罗汉果煮藕汤喝，莲藕绵软，汤汁甜美。

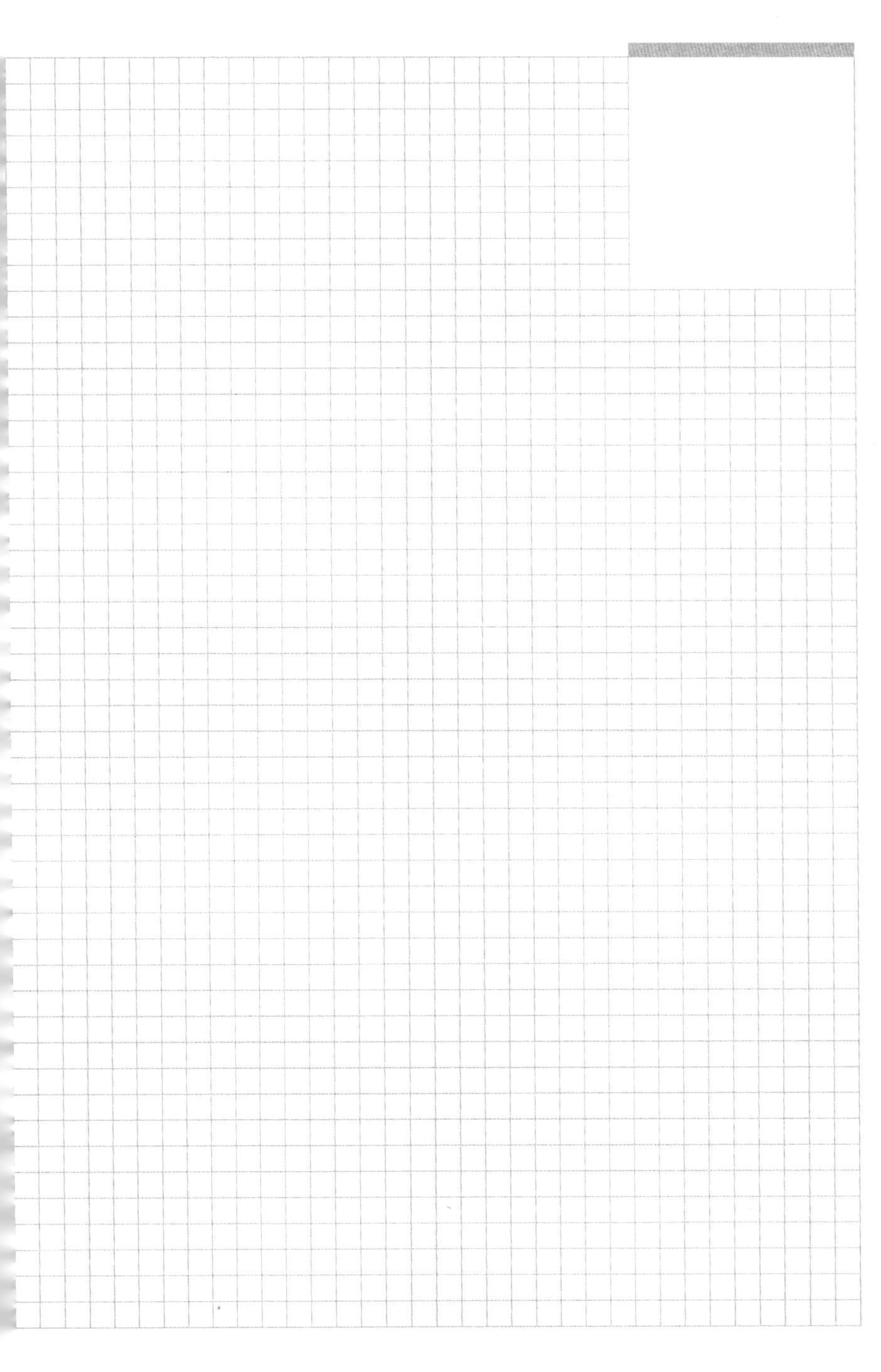

不输咖啡店 办公室花式咖啡

我在办公室的窗台上放了一台胶囊咖啡机，每天早上到公司的第一件事就是做杯咖啡喝。胶囊咖啡机真是非常方便，操作简单，做出的浓缩咖啡不输咖啡店。慢慢地我把窗台变成了咖啡台，利用现有条件琢磨出几种好喝的花式咖啡，再也不用出去买咖啡喝了。

某大牌咖啡店同款燕麦丝绒拿铁

燕麦丝绒拿铁的主要配料是咖啡专用燕麦奶和椰浆，网上都能买到。要注意，这两种配料开封以后保质期短，需要放冰箱保存。

原料

浓缩咖啡：110 毫升

椰浆：35 毫升

燕麦奶：75 毫升

黄糖：5 克

做法

① 用微波炉把椰浆和燕麦奶加热1分钟，同时用胶囊机做一杯浓缩咖啡，把它们混合在一起，加糖即可。

② 配比可根据个人喜好调整，椰浆最好不要超过40毫升，多了会觉得腻。

厚巧克力碎摩卡咖啡

这是我最喜欢的喝法，一点点巧克力就能带来浓厚的可可香气，实在太有满足感。做这款咖啡需要一个打奶泡的工具、一个磨巧克力的小擦板。此外还需要一个高杯，因为打完的奶泡体积能膨胀到原先的2～3倍，杯子小了会溢出来。

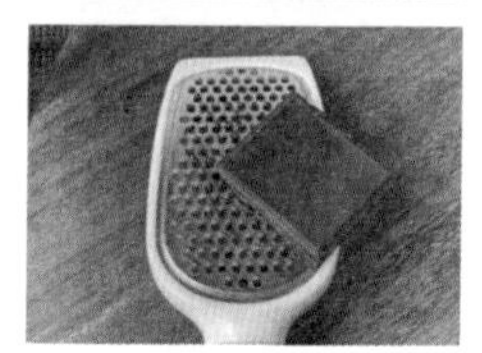

做法

用微波炉把燕麦奶加热1分钟，取出打泡；同时用胶囊机做一杯浓缩咖啡，加糖；把奶泡倒入咖啡杯，最后用擦板在杯子上方磨撒巧克力碎屑即可。

高纤低脂又美味　香蕉燕麦奶昔

说起燕麦，如何赞美都不为过。除了大家都知道的高纤低脂、营养健康之外，很少有人知道燕麦还是非常好的牛奶的替代品。原本只在素食界流行的燕麦奶如今势头越来越猛，很多品牌的咖啡连锁店都推出了纯素的燕麦拿铁。和从前的豆奶咖啡相比，燕麦咖啡的口感提升了好几个档次。

燕麦同样可以代替牛奶来做奶昔。早上喝一杯香甜细腻的香蕉燕麦奶昔，能快速补充能量，一上午都精力充沛。燕麦有这么多好处，有什么理由不爱呢。

原料

快熟燕麦片：30 克
凉开水：300 克
香蕉：1 根
燕麦奶：100 克

做法

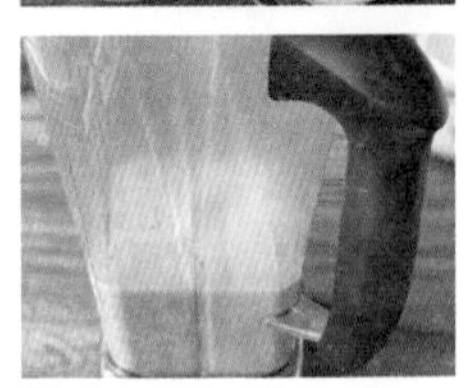

① 快熟燕麦片加水，用微波炉加热 3 分钟取出。

② 所有原料放入料理机，高速打成浆即可。

③ 用以上配比做出来的奶昔适合倒在杯子里喝。

④ 如果饭量比较大，可增加燕麦片用量，做出来的奶昔口感细腻，适合盛在碗里用勺喝。

红红火火迎新年　香料热红酒

我对热红酒的印象源自风靡全球的《冰与火之歌》(《权力的游戏》美剧原著)。书里上至皇室贵族，下至贫民守夜人，都爱喝大杯的香料热红酒，看得我特别想尝尝。今年冬天，北京也开始流行热红酒，街头许多咖啡店都有卖，四五十元一杯。每次经过我都忍不住看两眼醒目的招牌。

快到年底的时候，我网购了红酒香料包和最便宜的红酒，煮给全家人喝。香甜的热红酒喝起来没什么酒味，倒像是醇厚的葡萄汁。盛在红色杯子里用新鲜的迷迭香装饰，很有节日气氛。

就让我们用一杯热红酒迎接新年吧，用加倍努力期盼来年好运气！

原料

红酒：1瓶(750毫升)

香料：1包

梨：1～2个

做法

将香料包、红酒和梨块一起倒入汤锅，调到最小火，前 10 分钟不盖锅盖，让酒精慢慢挥发，之后将锅盖盖上一半，小火煮 30 ~ 40 分钟就可以了。如果香料包里没有配糖，需自己另加。

新年的山楂果茶

如果不能喝酒，那就做个山楂果茶吧，同样红红火火、酸酸甜甜。用我的独家秘方（加入银耳），既能降低酸度，又能使成品口感爽滑。

将去了核的山楂和泡好的银耳一起放入汤锅，加足量清水，烧开后煮40 分钟，加入冰糖，最后用料理机打成浆即可。

看着就想吃　白菜粉丝丸子汤

简简单单的白菜粉丝汤吃久了难免觉得单调。加几个豆腐丸子，一碗汤里包含了蛋白质、淀粉、粗纤维，不仅营养全面，味道也多了几个层次。唯一的缺点：丸子是油炸的不太健康，吃的时候要本着解馋品尝的目的，别过量就好。

豆腐丸子原料（约 50 个）

北豆腐：1 盒（385 克）
杏鲍菇：2 根（200 克）
胡萝卜：2 根（300 克）
面粉：150 克
盐：适量

白菜粉丝丸子汤原料（2 人份）

白菜心：半棵
粉丝：1 把
豆腐丸子：8 个
盐、生抽、白胡椒粉：适量

做法

① 胡萝卜去皮，用擦板擦成丝；杏鲍菇切成小粒，与胡萝卜丝混合在一起，加适量盐拌匀，静置 15 分钟腌出水分，用纱布挤干。

② 将豆腐压成泥，和挤干的胡萝卜、杏鲍菇混合。

③ 在大碗中一点点加入面粉，搅匀，直至能用手团成丸子。

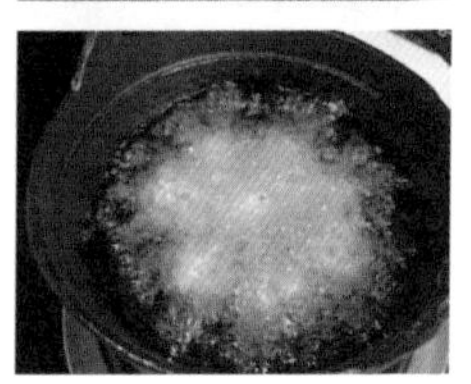

④ 油锅烧热，放入豆腐丸子，油温不能太低，中小火炸 5 分钟捞起。

⑤ 全部丸子炸完后静置晾凉，再次入油锅复炸 2 分钟。炸好的丸子可以直接吃，也可以用来做菜、做汤。

特别说明：

1. 豆腐本身比较细腻柔软，加入胡萝卜丝是为了让丸子内部有疏松感，不至太过紧实；加杏鲍菇是让丸子的口感劲道些，不至于太面。只要基于这个原则，也可以加入或替换其他食材，自己可以多尝试。

2. 豆腐丸子是熟的，用来做菜或做汤时只要热了就行，不要长时间加热，否则可能会碎掉。

⑥ 剥去大白菜最外面几层老菜帮，留用菜心，洗净切成小块，入汤锅加清水煮开。

⑦ 加入粉丝，煮至白菜和粉丝软熟，调入盐、生抽和白胡椒粉。

⑧ 最后放入豆腐丸子，再开锅时即可起锅。

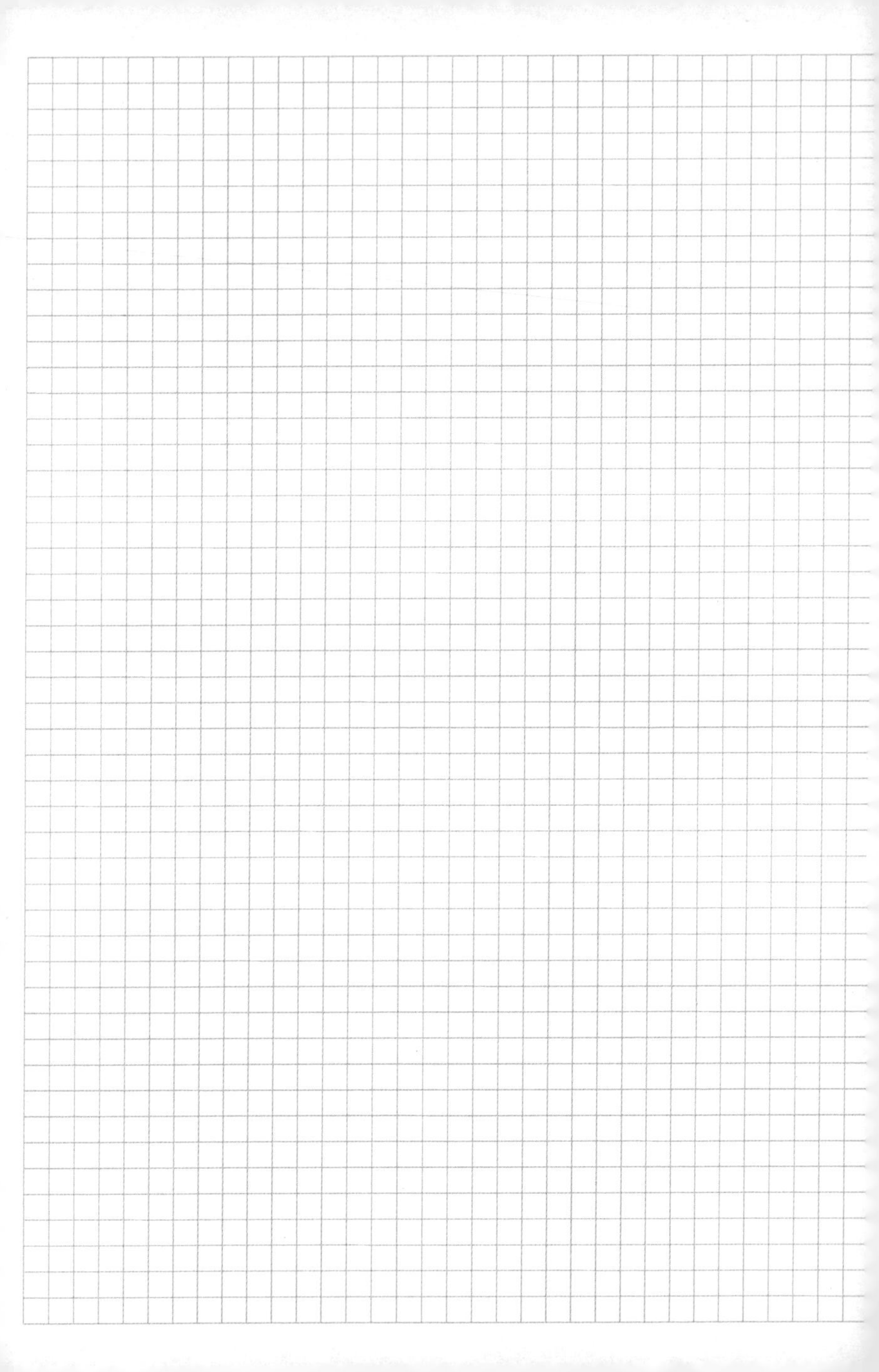

每天喝一杯　排毒养颜柠檬水

现在买什么都讲究团购，特别是农产品，产地直发，新鲜又便宜。我买过几次柠檬，一开始想着每天早上喝一杯柠檬水，没坚持几天就觉得太麻烦了。为了挤半颗柠檬汁每天要洗水果刀、洗榨汁器、洗菜板，剩下的半颗还要用保鲜膜包起来存放。结果柠檬水喝得三天打鱼两天晒网，一箱柠檬没用完就不新鲜了，浪费了不少。

后来再买柠檬，我索性花 2 个小时一次全部处理完，往后的 1 个月里每天都能轻松喝上柠檬水。

做法

① 将柠檬切 2 ～ 3 段。

② 榨取柠檬汁。我用的是这种手动榨汁器，压汁后把柠檬翻个面再压一次，还能挤出不少汁。

③ 所有柠檬全部榨汁。

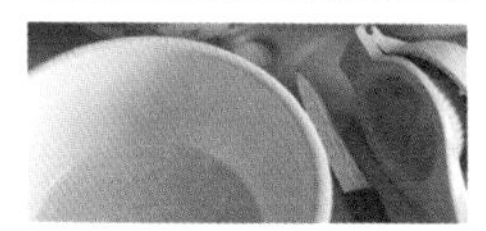

④ 把柠檬汁盛入制冰模具放冰箱冷冻。一次榨取多少柠檬汁取决于你有多少制冰模具和冰箱空间。

⑤ 一天后，把柠檬冰块收集起来，装袋放冰箱冷冻保存。每天取出 1 ～ 2 个柠檬冰加入温水就能快速方便地喝上柠檬水了。

无酒精莫吉托

柠檬冰加入气泡苏打水和薄荷叶就是一杯无酒精的莫吉托。

柠檬皮筷子架

榨过汁的柠檬皮放在暖气上烤干（或晒干）可做筷子架。

香薰

如果柠檬的品种是香气浓郁的香水柠檬，可将烤干的柠檬皮打粉做香薰。

青梅汽水待客来　速成版糖渍青梅露

传统的青梅露做法是用糖把青梅腌渍起来，放上几十天。但是家庭制作中很难监测和控制杂菌，极有可能做不成功。

自从我学会了用电饭锅做糖渍青梅露，每年到了青梅季都要做几瓶，安全高效，味道纯正，从没失败过。脱水后的梅子像极了小时候吃的九制话梅，现在超市里买的话梅太甜，已经不是记忆中的那个味了。

等到五六月份青梅上市，赶紧做起来。不能青梅煮酒论英雄，那就青梅汽水待客来。

原料

青梅：500 克

冰糖：500 克

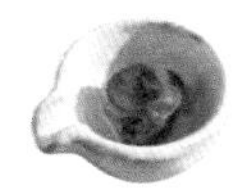

做法

① 将新鲜的青梅洗净去蒂，用盐水浸泡3～4个小时去涩。

② 冲洗掉青梅表面的盐分，用厨房纸巾擦干。

③ 将青梅放入电饭锅中，冰糖铺在青梅上面，开保温档，持续保温16个小时。冰糖会慢慢融化，浸出梅汁。中途可以轻轻翻动，使青梅全部浸在汁液中，注意不要碰破果皮。

④ 16个小时之后，青梅脱水缩小，融化的冰糖混合着青梅汁，青梅露就做成了。

⑤ 将梅子和梅汁装入干净无油的玻璃瓶，放冰箱保存。新做的青梅露可以马上吃，但封存一年以后味道最好。

⑥ 一颗梅子，一勺青梅露，一罐冰镇的气泡水，兑在一起就是一杯酸甜可口、清凉解暑的夏日饮品。

一见倾心　冷泡花草茶

前些日子我出门逛街，在一家店里看见卖冷泡茶的。大约500毫升的透明塑料瓶里，缤纷的花草在茶水中舒展摇曳，光是看着就令人心情愉悦。尽管30块钱一瓶不便宜，我还是忍不住买了，不是因为渴，纯粹是因为太好看了。

回家后我就网购了瓶子，现在出门我只带自己做的冷泡茶，方便又便宜。做冷泡茶方法很简单，有两点要注意，第一点是茶叶不要直接放在瓶子里，黑黑的茶叶漂起来不好看。茶叶要装在茶包里，网上买100个空茶包只要几块钱。第二点是冷泡茶用的瓶子和矿泉水瓶一样是PET材质，不能装热水。

原料

乌龙茶包（或红茶包）：1个　　薄荷：1枝
小青橘：1个　　荔枝：1颗
柠檬：1片　　矿泉水：1瓶
干玫瑰花：1朵

网上买的冷泡茶专用瓶，10个不到20块钱。瓶口带过滤网很好用，喝的时候不会被花草糊一嘴。

做法

① 小青橘对半切开，去籽；柠檬切片去籽；荔枝去皮去核（在没有荔枝的季节可用桂圆、菠萝等香气浓郁又耐泡的水果）。

② 将所有原料装入瓶中，灌满矿泉水，放入冰箱 8 小时即可。一般是头天晚上做，第二天早上就可以带着出门了。

③ 如果是在家喝就别用塑料瓶了，用玻璃杯一样好看。

桂花酸梅汤

不喜欢茶叶的话可以试试桂花酸梅汤。用自己做的青梅露加上干桂花，夏天喝酸甜解暑。

美容又养颜 自己做醪糟

醪糟也叫酒酿，是糯米在菌种的作用下发酵而成的。糯米淀粉转化成糖，带来天然的甜蜜味道。如果你吃过自己做的醪糟，就会觉得超市里买来的醪糟味道寡淡，像是兑了水。自己做的醪糟馥郁甜美，几乎可以当糖用。

醪糟是发酵食品，富含的益生菌不耐高温，所以不宜加热。另外，醪糟煮过之后味道会变酸。为保证醪糟的营养和口感，最正确的吃法就是直接吃，不要煮。

原料

圆粒糯米：500 克　　甜酒曲：2 克

工具

酸奶机（保温用）

做法

① 将糯米淘洗干净，用清水浸泡 8 小时，沥干。

② 蒸屉里铺上笼屉布，倒入泡好的糯米。蒸锅烧开后，放上蒸屉，大火蒸 40 分钟。

③ 用饭勺将蒸熟的糯米饭打散。如果饭粒太黏，可把蒸屉架空，淋上矿泉水或凉开水。糯米饭晾至 35℃左右为宜（可用手试，比体温稍低一点）。

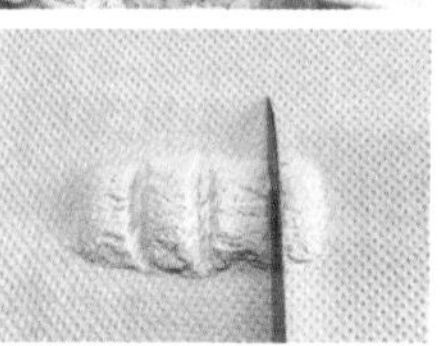

④ 按比例取用甜酒曲。如果重量太轻无法称量，可采用等分法。比如一袋酒曲重 8 克，等分成 4 份，每份即 2 克。

特别说明：

1. 整个操作过程要注意不要沾油，所有器具提前用开水烫过消毒。如果糯米被杂菌污染就做不成功了。

2. 菌种怕高温，加入酒曲时一定要注意米饭不能超过 35℃；溶解酒曲的水不能超过 35℃。

3. 醪糟做好以后放冰箱冷藏，低温可保持不再继续发酵。如需长时间保存，可冷冻。

⑤ 将甜酒曲溶在少量矿泉水或凉开水里，一点点浇在糯米饭上拌匀，尽量使每粒米都沾上。将加了酒曲的糯米饭盛在碗里，压平，中间挖个洞用来观察出酒情况。

⑥ 将米饭碗放入酸奶机，保温 36 小时即可做成。据我的经验，保温 72 小时味道最佳。发酵时间越长酒味越浓，夏季高温炎热时可适当缩短发酵时间。

⑦ 我最爱的吃法是：一碗热的红豆汤加入一大勺自制醪糟，不用加糖已经够甜。

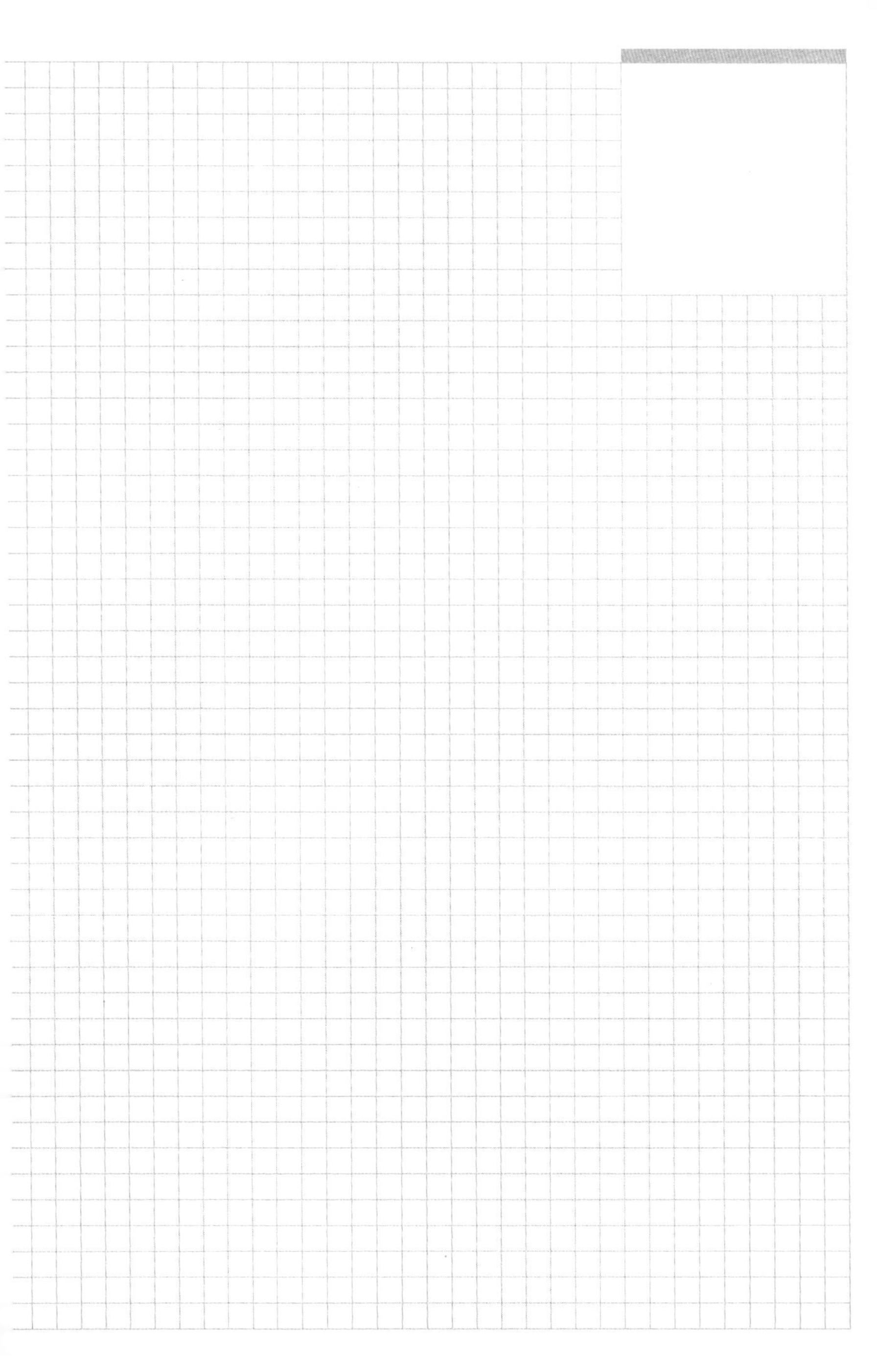

Étude est important

Tout le monde dans la communauté qui
l'école, étudiez-vous? Récemment?
importante. Même sans un étud
connaissances vous aider. Les gens q
s les choses, sortiront toujours da
orsque vous discutez avec le

ment belle.

enade
sent la
îchic.

st-ce que la tête n'est pas to
ment au sujet d'augmenter tê
nade autour du voisinage d'habit
ont rafraîchis, s'il se chauffe dans le
depuis le corps qui a été fatig
, une constitution peut ê

烘烤

我的第一个烤箱菜　孜然烤平菇

我对烤箱的态度经历了一个从拒绝到接受，最后到喜爱的过程。当初买烤箱我只是为了烤红薯，后来发现用烤箱做菜也不错。烤箱是一个非常便捷的烹饪工具，它可以定时、恒温。尤其在炎热的夏天，不用守着炉子烟熏火燎。用烤箱做甜点可以自己控制糖和油的用量，吃着更安心。

孜然烤平菇是我用烤箱做的第一道菜，这道菜使我爱上了烤箱，我真觉得为了烤蘑菇买个烤箱都值得。

原料

平菇：250 克

盐、辣椒粉：适量

孜然粒：适量

做法

① 烤盘里铺上防粘的油纸；将平菇洗净手撕成条，挤掉水分，平铺在烤盘中。

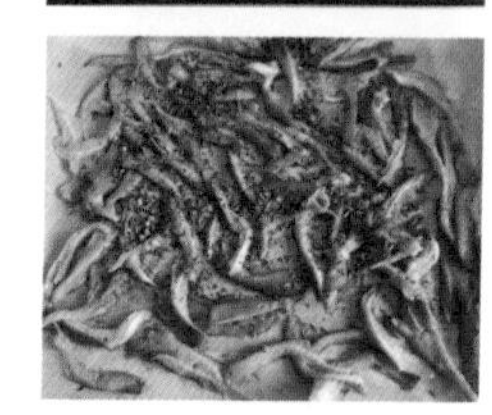

② 烤箱200℃提前预热好，放入烤盘，上下火同时烤15分钟。

③ 取出烤盘，撒上盐、辣椒粉、孜然粒，翻动均匀，再入烤箱烤10分钟。

④ 平菇烤到干爽中带一点点水分就可以了。不同的烤箱温控相差较大，要根据自家的烤箱调整。第一次做的时候尤其要留意观察，及时调整温度和时间。

可当零食吃的烤杏鲍菇

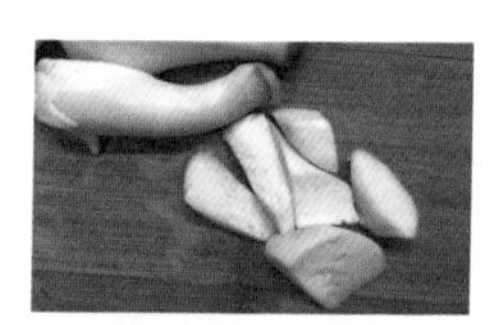

① 将杏鲍菇切成滚刀块，撒点盐腌出水挤干，码放在烤盘里。

② 烤箱200℃提前预热好，放入烤盘，上下火烤20分钟，此时杏鲍菇表面已经烤得微干。

③ 取出烤盘，撒上盐、辣椒粉、孜然粒，翻动均匀，再入烤箱烤10分钟。

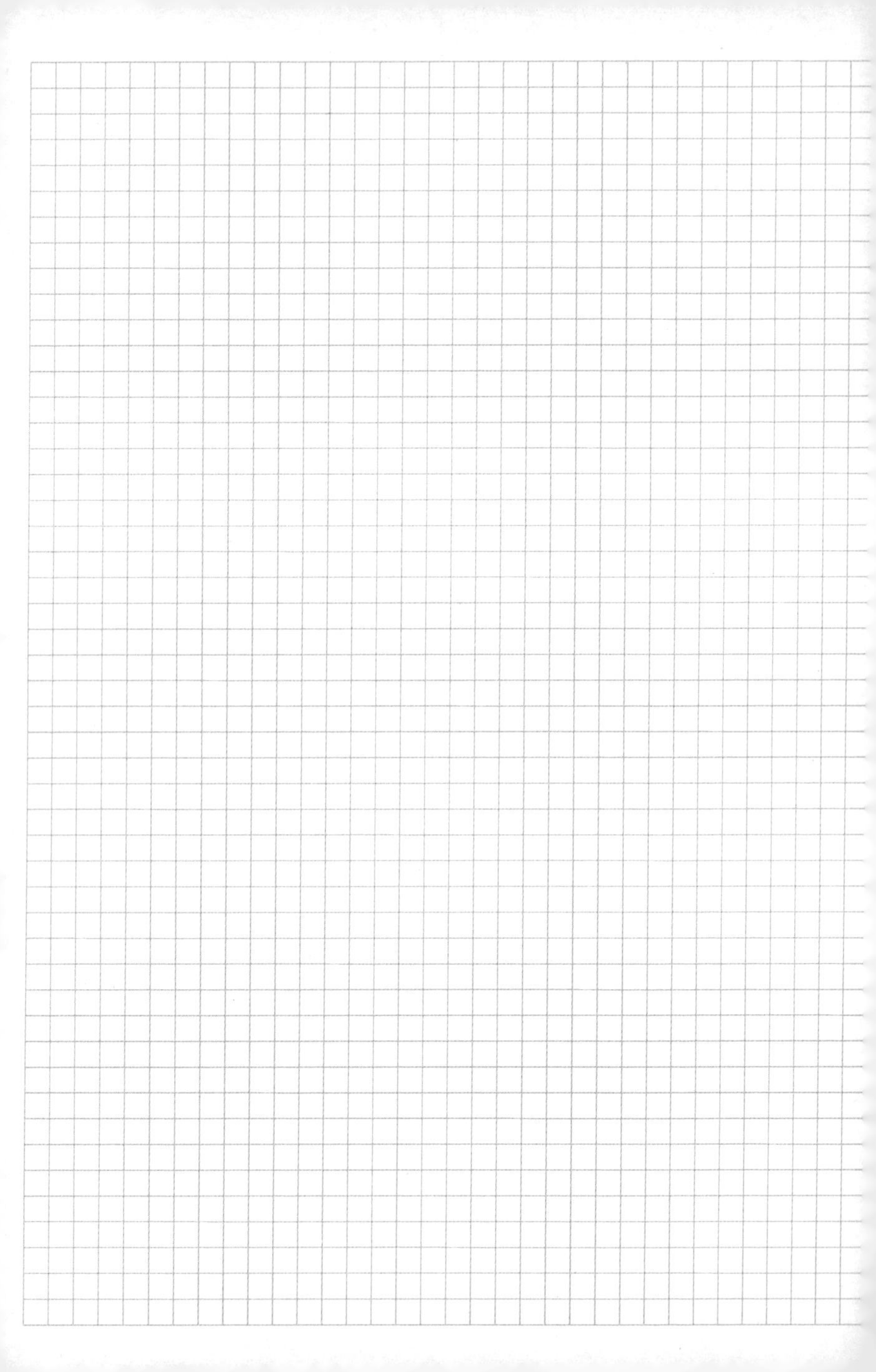

不寒不燥　甘甜润肺的烤鸭梨

秋天是适合吃梨的季节，可能有些朋友和我一样不能吃生梨，大概是因为梨生性寒凉吧，吃了生梨会觉得胃不舒服，只能煮着吃。煮梨水如果不加糖味道很淡，我不喜欢。

前些天逛街，看到有卖烤梨的，用搪瓷缸盛着泡在银耳汤里，看起来卖相很好。买了一份尝尝，梨肉甜软酥烂，入口即化，真不错。回家马上自己动手尝试，做了 3 次，吃了 6 个梨才选定了最优方案。这种做法不加糖、不加水，甘甜软糯，比买来的好吃，唯一的缺点是比较费时间，那就一次多做几个吧。

原料

鸭梨

做法

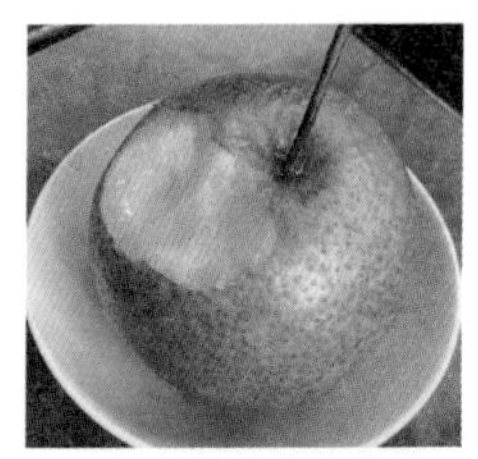

① 烤箱200℃提前预热好。将鸭梨放入烤盘，置于烤箱下层，上火200℃，下火180℃，烤30分钟。烤过的鸭梨表面颜色变深，这时候已经可以咬着吃了，口感介于生熟之间。如果喜欢软软的口感，请继续下一步。

② 将烤过的梨放在深一点的盘子里，上蒸锅，盖上锅盖，烧开后蒸60分钟。注意蒸锅里的水一定要放足，中途检查一次，以免烧干。

③ 蒸好的梨表皮微皱，散发着浓郁的果香。

④ 自然流出的梨汁甘甜如蜜，梨肉香甜绵软，尤其适合老人孩子。

不用奶酪也好吃　纯素蘑菇比萨

以前我一直以为做比萨必须要用奶酪，即便是纯素比萨也得用素奶酪，否则就不正宗。直到有一次在国外吃到了没有奶酪的纯素比萨，就是简单地在面饼上码点素菜一起烤熟。味道很普通，但我深受启发。如果这也叫比萨，说真的，我做的蘑菇比萨更好吃。

原料

面饼

面粉：250克

水：150毫升

其他

橄榄油：25克

干酵母：5克

盐：4克

配菜

土豆：1个

口蘑、平菇、白玉菇、蟹味菇：各1把

油、盐、生抽、老抽、黑胡椒：适量

香椿苗：1把

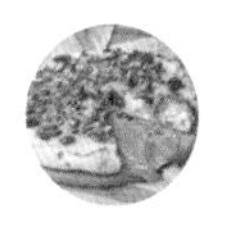

做法

① 将面粉、干酵母、盐混合；将橄榄油和水混合；将混合液体倒入混合粉中，揉成面团。

② 把面团放在盆里，盖上保鲜膜和盖子，等待发酵。30℃左右的气温条件下大约需要1个小时，气温越低所需时间越长。

③ 等待面团发酵的时间处理配菜：先把土豆蒸熟，压成土豆泥。

④ 口蘑切片；平菇手撕成小条；几种蘑菇混合在一起，用油炒5分钟，加盐、生抽、老抽，盛出备用。

⑤ 当面团发酵至原来的2倍大时，手指沾上面粉在面团上戳个洞，面团不回弹不塌陷，说明发酵完成。

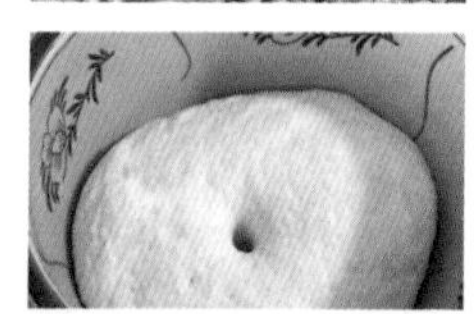

⑥ 把面团擀成大饼。面团非常柔软，擀好之后拿起来会变形，建议直接在裁好的烤盘油纸上擀，大小也比较好掌握。

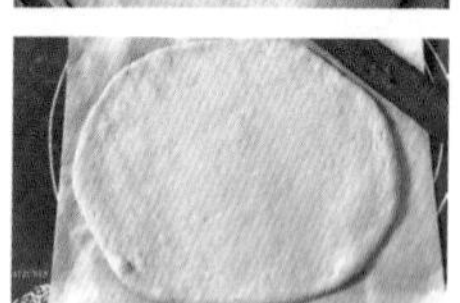

⑦ 提起油纸放入烤盘，先在面饼上铺一层土豆泥，用叉子扎些透气孔，再铺上炒好的蘑菇，磨一点胡椒粉撒上。

⑧ 烤箱200℃提前预热，放入烤盘，烤20分钟。

⑨ 比萨出炉，撒上香椿苗，喜欢吃辣的加点小米椒。面饼厚实柔软，土豆泥细腻绵密，蘑菇回味无穷。

la tête n'est pas
d'augmenter tôt
voisinage d'habituel,à tel
dans le soleil du matin
fatigué avec tôt soulèvement
améliorée par le type de

粗粮小餐包　黑麦蜜薯小面包

白面包由于血糖生成指数（GI）值高，容易造成人体血糖波动，所以近年来，吃全麦面包逐渐成为流行趋势。不知你有没有自己做过，没有蛋、奶、黄油和各种添加剂，黑麦全麦面包真的不好吃。

为了让全麦面包口感好一些，我不得不放弃面包机，自己动手做加料的小面包。一个大面包的面粉量可以做出6个带馅的小餐包，馅料用蜜薯，简单方便、高纤低脂、香甜细腻，作为早餐或加餐都很合适。

原料

黑麦全麦面粉：250克
植物奶（豆奶或豆浆）：200克
植物油：10克
盐：2克
白砂糖：5克
干酵母：5克
蜜薯（或紫薯）：1个

做法

① 将蜜薯或紫薯蒸熟，去皮切块备用。

② 将其余原料混合，揉成光滑的面团，盖上保鲜膜，等待发酵。面团发酵的时间长短跟温度有关，气温在25℃时，大约需要1小时，气温越低所需时间越长。当面团膨胀至两倍大时，发酵完成。判断面团是否发酵完成，可用手指沾上面粉在面团上戳个洞，如果这个洞能保持不塌陷不回弹，说明发酵程度正合适。

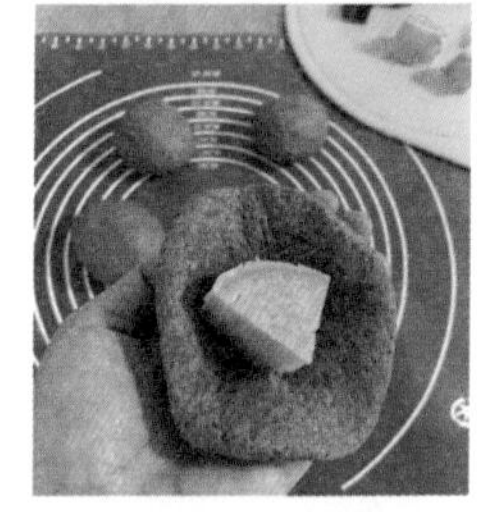

③ 将发酵好的面团分成6份，包入蜜薯或紫薯，捏紧，收口朝下码入烤盘。静置15分钟，使面团恢复圆润蓬松的状态。入烤箱前可在面包表面抹点水，粘几粒亚麻籽装饰。

④ 将烤盘放入预热好的烤箱，180℃烤15分钟。

好吃不长肉　什锦烤蔬菜

随着天气渐冷，我家烤箱的利用率越来越高，早上烤红薯，晚上烤蔬菜，仅用烤箱就解决了一天中的两顿饭。

适合烤着吃的蔬菜有很多，可以根据个人喜好选择。和用油炒相比，烤箱的温度低，极大地减少了营养流失。经烘烤脱水之后，每一种蔬菜都散发出自己独特而浓郁的味道，有的香，有的甜，热热闹闹一大盘，吃起来特别有满足感。

原料

蔬菜

散梗菜花、西葫芦、南瓜、胡萝卜、青椒、圣女果、鲜香菇

调料

油、盐、孜然粒、辣椒粉：少许

做法

① 将所有的蔬菜洗净，切成适当的大小，码在铺了铝箔纸的烤盘里。均匀地淋一汤勺植物油，撒上盐。

② 烤箱200℃提前预热好，将烤盘放入烤箱，设定30分钟。

③ 烤20分钟时将烤盘取出，撒上孜然粒、辣椒粉，拌一拌，入烤箱继续烤10分钟即可。

烤小土豆

① 烤箱200℃提前预热好；小土豆带皮洗干净，擦干水分码在烤网上，上下火200℃烤30分钟。如果没有小土豆，也可用普通土豆切块。

② 等小土豆稍凉，放在菜板上，用刀背轻拍一下再压扁，撒上盐、辣椒粉、孜然，趁热吃。

健康美味兼顾　椒盐烤豆腐

《舌尖上的中国》有一集讲到建水豆腐，在电视屏幕上看起来非常诱人。为此，我去云南旅行的时候专程绕道建水古城，不仅尝到了建水豆腐，还见到了豆腐的制作过程。

首先是熬煮豆浆，在豆浆里添加凝固剂形成豆腐花。然后工人们把凝固的豆腐花捞起，用纱布包成一个个小方块定型。最后将定型的豆腐块码放在架子上风干。由于当地的气候条件，恰到好处地能使豆腐块表面干燥，内部轻微发酵，产生独特的风味。

做好的豆腐是用炭火烤着吃的，在建水古城乃至整个红河州，到处都有这种卖烤豆腐的小吃排档。摊子主人将豆腐块放在炭火上烤至鼓胀起来，食客们围坐一圈，烤好一个夹取一个。摊子主人手眼配合，麻利地用玉米粒计数，5 毛钱一块豆腐，结账时数玉米粒即可，这办法原始简单，行之有效。

烤好的豆腐外焦里嫩，蘸着小碗里的辣汁吃。调味汁的配方可能各家不完全一样，大致是由蘸水（云南的一种辣椒粉）、小米椒、花椒粉、酱油、葱花、盐调和而成的。

如果你有机会去建水，一定要尝尝那里的烤豆腐。如果没时间去的话，不妨试试烤箱版的椒盐烤豆腐。北方的卤水豆腐虽然不同于建水豆腐的发酵风味，味道也相当不错呢。

原料

北豆腐：1 块

黑胡椒、盐：适量

做法

① 将豆腐切成 1 厘米厚的长方块，两面撒上现磨的黑胡椒和盐，码在烤网上。

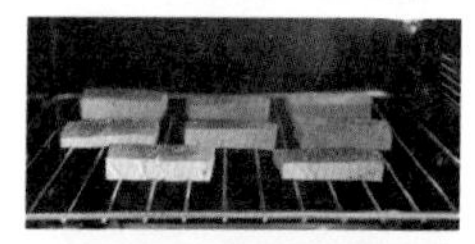

② 烤箱 220℃提前预热好，放入烤网，上下火 220℃烤 15 ～ 20 分钟，烤箱有风机功能的请打开风机（烤箱温度可根据自家烤箱性能进行调整）。

③ 用烤网的好处是可以双面同时烤，不积水，不用中途翻面。

如果是用烤盘烤豆腐，要在烤 15 分钟时取出，用小铲子将豆腐块翻面，洒调料继续再烤 10 ～ 15 分钟。烤盘刚取出时，豆腐可能会粘在油纸上无法翻面，稍晾 2 分钟就没那么粘了。

④ 烤好的豆腐直接吃就很香，喜欢吃辣的可撒些辣椒粉。

白水为伴　咖啡黄糖面包卷

自从家里有了胶囊咖啡机，以前为减肥买的速溶黑咖啡我就再也喝不下去了，真是不甘心就这么浪费掉，琢磨着怎么把黑咖啡用起来。有一天我突然来了灵感，用它做了咖啡味的面包卷，果然和预期的一样好。那段时间我吃上了瘾，几乎天天吃，出去玩也要带上几个，一口咬下去浓浓的咖啡和焦糖的香甜，就着白水都好吃。

原料

面包粉：250 克　　盐：2 克

低筋粉：25 克　　干酵母：3 克

豆浆：200 克　　速溶咖啡粉：4 克

油：15 克　　黄糖：20 克

做法

① 将面粉、盐、干酵母放入大碗里混合抓匀，倒入豆浆和油，揉成柔软光滑的面团，盖上保鲜膜，室温下静置等待发酵。当面团发酵至两倍大，用手指在面团上戳个洞，面团不回弹、不塌陷，说明发酵完成。

② 将面团轻揉几下排出空气，擀成长方形面饼，均匀地撒上速溶咖啡粉。这里要特别注意，咖啡粉由于速溶的特性，落在面饼上会马上和面饼融合在一起，撒粉时要用手指一点一点捻着撒。

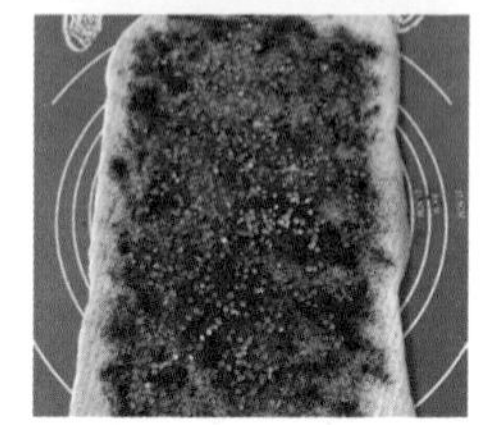

③ 再撒上黄糖粒。

④ 把面饼卷起来，接口处稍用点力捏紧，否则烤的时候容易崩开。

⑤ 用一把锋利的刀将面卷切成 2 厘米厚的小面卷，码在烤盘里，静置 15 分钟使面团恢复蓬松。

⑥ 将烤盘放入预热好的烤箱，上下火 180℃烤 15 分钟。

⑦ 这是一款很有嚼劲的小面包，个头小小的，出门带着也方便。

可可香浓口口柔软　纯素巧克力蛋糕

做饭久了时常会陷入两难的境地：某些原料用多了不健康，用少了不好吃，做甜点时尤其明显。有的蛋糕配方中用糖量甚至超过面粉量，简直下不去手。为此我常常在加量和减量之间来回取舍，力争健康和口感兼顾。

最近我在家里的旧书中看到来自日韩的豆腐蛋糕食谱，很受启发。做蛋糕时在面粉中加入豆腐代替鸡蛋和黄油，能使蛋糕细腻柔软。我用这个思路试了几次豆腐蛋糕，这款黑巧克力口味的最好吃，入口柔软香甜，散发着浓郁的可可香气。

原料

低筋粉：300 克　　白砂糖：50 克
内酯豆腐：150 克　　泡打粉：8 克
油：100 克　　黑巧克力：50 克
豆浆：100 克

做法

① 将黑巧克力放在碗里，用微波炉加热融化。加热时间和微波炉性能有关，先试着加热 60 秒，取出看看，如果没融化再加热 30 秒。不要一次加热时间太长，以免烧煳。

② 将泡打粉倒入面粉中抓匀；将内酯豆腐压碎，加入豆浆、油、糖。白砂糖的用量可以根据黑巧克力的甜度和个人喜好调整，我用的是 100% 纯黑巧克力，比较苦，所以用糖量大一些。

③ 将所有原料混合，大致拌匀成面糊。尽量不要转圈搅拌，以免搅出面筋。

④ 把面糊装入模具，烤箱提前预热好，上火 180℃，下火 200℃，烤 30 分钟。我没有蛋糕模具，用的是超市里买的铝箔碗，也挺好用。烤箱温度可以根据自家烤箱的实际情况调整。

⑤ 铝箔碗的防粘效果很好，将烤好的蛋糕倒扣在盘中，就可以直接吃了。

⑥ 在蛋糕表面洒一层椰蓉装饰一下更好看。

能打 99 分　燕麦巧克力饼干

这是目前为止我最满意的一款自制小点心，纯素燕麦巧克力饼干（小酥饼）。无糖、无蛋、无奶，原料健康，味道不差，我甚至觉得可以用它“谋生”了。经过了若干次试验，现在这版是我觉得最好的、接近完美的配方。之所以没给自己打 100 分，是因为用油量有点多，但是无法避免，想要香酥的口感少不了油。

这款饼干可以配下午茶或出门时带几块做零食点心。有朋友来家玩，尝过之后连饼干盒子一起抱走了。既然这么受欢迎，我又做了许多，分别送给他们。朋友们说：“带着爱心做的食物格外好吃。”

原料

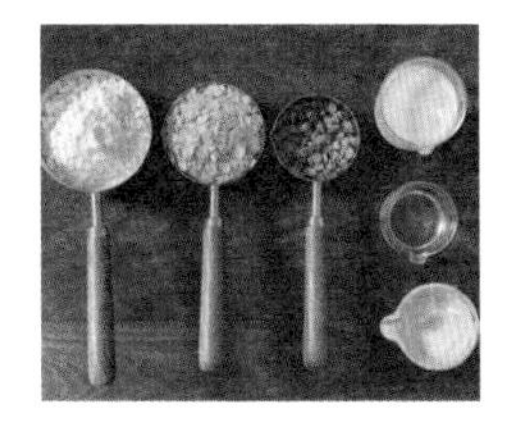

低筋粉：100 克

快熟燕麦片：50 克

黑巧克力豆：15 克

豆浆：60 克

油：45 克

小苏打：1 克

盐：1 克

做法

① 用料理机把燕麦片打成粉。

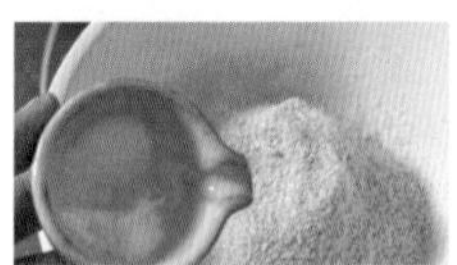

② 将面粉、燕麦粉、小苏打、盐混合均匀。

③ 向混合粉中倒入油，用手抓匀，尽量使所有的粉都沾上油，呈现湿沙状，然后再倒入豆浆，揉成面团，静置5分钟。

④ 将黑巧克力豆揉入面团，也可以用坚果碎或松仁。

⑤ 面团分成15克一个的小面团，搓圆按扁。烤箱提前预热好，上下火180℃烤15分钟。

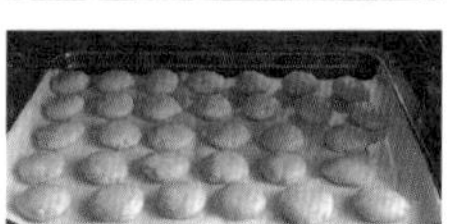

⑥ 饼干自带燕麦香，口感香酥不甜腻，配咖啡或茶都可以。

不一样的烟火 炭火素烧烤

说到人间烟火气，有什么能比得上炭火烧烤呢！现在北京的户外野营基本都禁止用炭火，网上流行的简易炭炉能不能在家用？有没有烟？一般说来烤肉会产生油，油滴在炭上就有烟，但烤素食不存在这个问题。所以，让我们愉快地吃一顿无油素烧烤吧。

烤具

网购的一次性炭炉，可以买大号的，适合 2 ~ 3 人。虽说是一次性，多买一份炭用两次也是没问题的。

这种烤具适合户外用，大约能用 2 个小时。第 1 个小时温度高，烧烤速度快，1 小时后逐渐降温，后期可以烤些馒头片、面包片。

如果在家使用一定要开窗通风，注意安全。点火时将炭炉放在灶台上，打开抽油烟机。这种炭块极易点燃且无明火，先拿出四个角的炭块点燃再放回去，其他炭块很快也会被引燃。刚开始的十几分钟炭块会冒烟，之后就会好很多，但如果食材上的油或渣掉落到炭火上也会有很大的烟。

炭炉整体温度较高，如果要转移到餐桌上，应先铺上隔热的垫子以免把桌子烫坏。

食材

尽量选择体积小、易熟的食材，比如：豆皮、素香肠、辣椒、小番茄、菠萝、金针菇、豆腐等。像茄子、西葫芦之类熟得慢又容易煳，不建议选用。

调料

烧烤粉和剁椒是买的现成的；烧烤酱是用黄豆酱和番茄酱 1∶1 混合调配的。

串串烤好了，无论是撒粉还是刷酱都很好吃。

烤串

基本原则是选用能同时烤熟的食材搭配在一起：豆皮切成宽条折叠成风琴褶；辣椒选用细一些的横切套圈；菠萝解辣同时能增加风味；大豆蛋白做的素香肠有烧烤气氛；小番茄可口好看。

烤包浆豆腐

网购的云南石屏包浆豆腐，和我在建水古城里吃的味道一样。这种豆腐最适合用炭炉烧烤，一受热就圆鼓鼓膨胀起来，边烤边吃。

烤金针菇

金针菇装入锡纸盒，烤熟后撒上剁椒和香菜。

特别说明：

如果不习惯用炭炉，用烤箱也是可以的。

烤串：180℃烤12分钟。

烤包浆豆腐：200℃烤5分钟。缺点是取出烤盘时，原本鼓胀的豆腐遇冷空气马上回缩软塌，这点不如用炭火边烤边吃。

总之，用烤箱省事儿，用炭炉新鲜有趣，只要适合自己，用哪个都好。

酱料

百搭菌油酱 配什么都好吃

我家门口有个火锅店，是那种单人小火锅，我常去，花几十块钱能吃到很多种蔬菜。我尤其喜欢自助小料中的菌油酱，很想知道是怎么做出来的。有一天机会来了，我吃得正香，胖胖的店长例行巡店，正好走到我面前……

我："你们家的那个菌油酱是怎么做的呀？"

店长："不知道，小料都是统一配送的。"

我："哎，可惜了，我觉得用来拌面肯定特好吃。"

店长："嗯……那个……好像是炒出来的。"

我："用鲜蘑菇炒还是干蘑菇？"

店长："用鲜的。"

我："炒的时候加不加水？"

店长："不加水，多放油。"

我忍着笑在心里默默记住，回家试做了几次，觉得用干蘑菇炒出来的酱更香，从此菌油酱成了家中常备。平日里简单地煮碗番茄汤面、白菜粉丝汤，甚至一碗白米饭，浇上一大勺菌油酱，立刻变得香鲜无比。

原料

干香菇、其他任何干菌菇

大料（八角）：2～3粒

盐：适量

油：多一些

做法

① 将所有干菌菇用凉水泡发、挤干、切碎。

② 炒锅里多倒些油，放大料（八角）炒出香味，再倒入切好的菌菇，加盐，中小火慢慢把水分炒干。

③ 炒至菌菇干香油亮即可起锅。晾凉装瓶，放在冰箱里随吃随取。

特别说明：

喜欢吃辣味的朋友可加一些辣椒粉，比如云南的蘸水，其中混合了辣椒粉、花椒粉、胡椒粉、盐等多种调味料，比单纯用辣椒粉味道更丰富。

福

美味易做　日式拌饭海苔

很多年前我在超市买过一种拌饭吃的海苔，是从日本进口的，香酥可口，就一个缺点：贵。为了省钱，我尝试用普通的紫菜自己做，失败了两次之后，第三次终于成功，味道一点不比买来的差。我把做法发到网上和网友们分享，有人兴奋地告诉我："学会了，做了好多当礼物送给朋友。"

这么多年过去了，现在很容易就能买到便宜的国产拌饭海苔，但我还是习惯自己做，因为做法实在太简单了。

原料

紫菜

熟芝麻（或松仁）

香油

做法

① 把紫菜撕成小片，放入料理机的干磨杯中，开机打 10 秒钟（根据自己家的机器适当调整时间），把紫菜打碎即可，不要打成细末。

② 在打碎的紫菜中滴几滴香油，拌一拌。

③ 平底锅烧热，放入拌好的紫菜碎，用最小的火翻炒 20 秒钟。注意时间只能短，不能长，否则烧煳了紫菜的味道会苦。

④ 平底锅离火，紫菜晾凉，拌入熟芝麻或松仁。吃米饭的时候撒上一勺，真不错。

特别说明：

海苔容易受潮，所以每次不要做太多，做好了装在密封瓶里保存。如果海苔受潮，可再次用平底锅小火烘干。

家中宜常备 祛寒姜糖膏

姜糖水的神奇作用我领教过好几次。有一年春节去厦门玩，正赶上阴雨连绵，作为北方人的我很不适应那种阴冷潮湿，所以就着凉感冒了。好在鼓浪屿到处有卖黑糖姜母茶的地方，一杯热辣的姜糖水灌下去，身体暖了，感冒症状立刻全无。

姜还有暖胃止吐的功效，肠胃不适的时候，喝一杯姜糖水能迅速缓解。现煮姜糖水往往不太方便，我家冰箱里常备着提前做好的姜糖膏，需要时取一勺，冲入开水，秒变姜糖水，浓淡随意，方便快捷。

原料

生姜：1块（120克）

红糖：50克

做法

① 生姜去皮，用擦板擦碎，姜末和姜汁都收集到碗里。

② 姜碗中加入红糖，碗上扣一个碟子，入蒸锅大火蒸 20 分钟。

③ 红糖溶在姜汁里，呈黏稠状，晾凉后装入玻璃瓶中，放冰箱保存，可随时取用。

姜糖汤圆

姜糖膏用途很多，冬天煮汤圆时加一勺姜糖膏，暖胃解腻。

姜糖红薯

清水煮的红薯，加一勺姜糖膏就成了一道受欢迎的甜品。

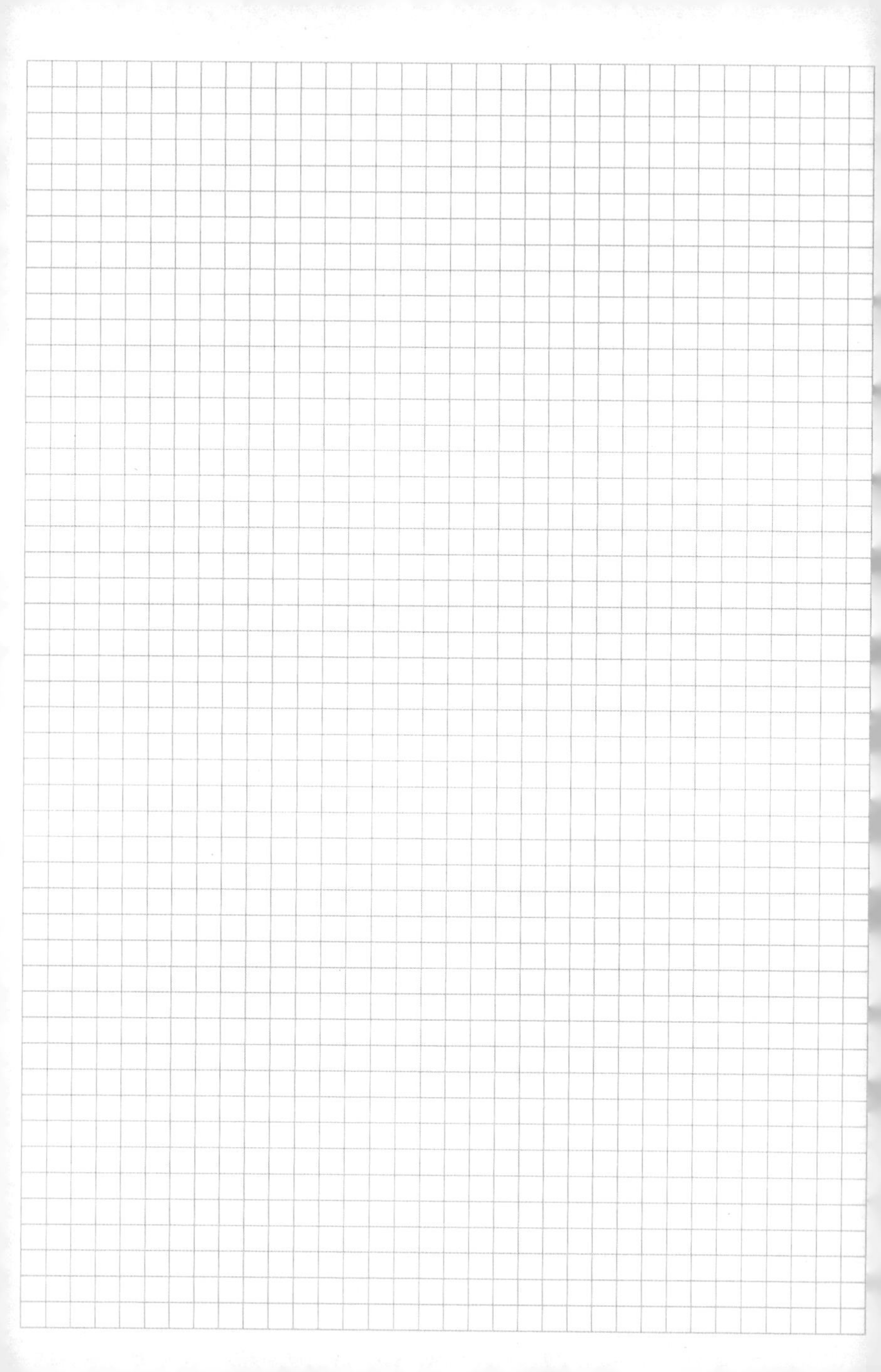

令人期待 四川酸豇豆泡菜

公司附近有家电影院，我和同事偶尔利用午休时间去看场电影，散场后，一起在旁边的美食城饱饱地吃一大份酸豇豆炒饭，有一种偷得浮生半日闲的满足感。不过那已经是很久以前的事了，现如今早已物是人非，快餐摊位都不知道换过多少个主人了。或许是对往日时光的怀念，我又想起曾经最爱吃的酸豇豆炒饭。

欲吃一盘酸豇豆炒饭，须从泡一坛酸豇豆泡菜开始。

原料

新鲜的豇豆：300克

胡萝卜：1根

生姜：几片

小米椒：几根

花椒：一小把

凉开水：1000毫升

盐：30克

盐尽量选泡菜盐，或不添加其他成分的盐。（市场上有加钙、加硒、加碘盐，不适合做泡菜）

做法

① 做泡菜全程不能沾油和生水，请提前多烧些开水并晾凉（凉白开），洗菜要用凉白开，配盐水要用凉白开或纯净水。

② 将所有蔬菜用凉开水洗净、擦干表面的水分。胡萝卜和生姜去皮，用洁净无油的案板和刀切成厚片（建议用家里切水果的专用案板和刀具）。

③ 凉白开或纯净水按 100∶3 的比例加入无碘盐，配成泡菜盐水。即 1000 克水中加 30 克盐。

④ 将豇豆、胡萝卜片、生姜片、小米椒、花椒依次放入泡菜罐（或泡菜坛子）中，灌满按 3% 配好的盐水，盖好瓶盖。

⑤ 在 20 ～ 30℃的气温下，7 ～ 10 天即可发酵充分，泡的时间越长味道越酸。将泡好的蔬菜全部捞出放保鲜盒里冷藏保存，泡菜汤即为老汤，可继续泡新鲜的蔬菜。

酸豇豆炒饭

原料

酸豇豆泡菜、米饭、油、生抽

做法

① 将泡好的酸豇豆、姜、胡萝卜切碎。如果喜欢吃辣可再切一根小米椒。

② 锅烧热放油，先放入酸姜末炒香，再放入胡萝卜和豇豆炒透，加少许生抽，倒入米饭，翻炒均匀即可出锅。泡菜本身有咸味，不需要额外加盐。酸、微麻、微辣，作为午餐极其醒神开胃。

特别说明：

曾经有个困扰我很久的问题：泡菜在瓶里泡的时间久了会起白膜，整瓶废掉。后来成都的朋友告诉我："做泡菜的时候加一点高度白酒，每天用干净筷子搅一搅，这样就不容易起白膜了。"我按照这个方法做的泡菜果然再没有起白膜。

酸甜可口　天然大果粒的莓果果酱

通常我是舍不得用新鲜水果做果酱的，尤其是应季的莓果类，太贵少买点尝尝鲜得了，哪有多余的做果酱。后来朋友告诉我，网上有卖冷冻的莓果，一年四季都能买到（当然最好在冬天买），甚至还有些不常见的品种，价格比鲜果便宜很多。想必是在产地采摘下来直接冷冻，解决了鲜果难储存难运输的问题，降低了成本。

冷冻莓果自然解冻后直接吃味道就不错，做成果酱也不心疼，算下来比在超市买果酱还便宜呢。

做果酱宜选草莓、桑葚、蓝莓、黑莓、黑加仑等又软又甜且无核的莓果。蔓越莓、树莓比较酸，可少放一些调配口味，不能多加。

原料

冷冻莓果：一碗

葡萄干：适量

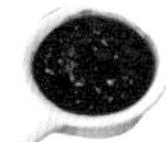

做法

① 冷冻莓果常温解冻；葡萄干提前用清水泡软，用葡萄干代替糖可以增加果酱甜度。

② 将莓果和葡萄干一起放入汤锅，中火烧开。不需要加水，冷冻莓果解冻后会有果汁析出。

③ 转小火，边煮边搅拌，大约煮 15 分钟会变得黏稠。莓果软熟后用勺子压一压即可成酱。

④ 果酱装瓶放冰箱保存，尽快吃完。现吃现做，不要一次做太多。

⑤ 面包片用烤面包炉烤脆（或烤箱 180℃ 烤 5 分钟至表面上色），涂上厚厚的果酱吃口感最佳。含有大果粒的莓果果酱，酸甜可口。

莓果茶

取一勺果酱置于杯底，冲入热水搅匀，即成一杯果香浓郁的莓果茶。

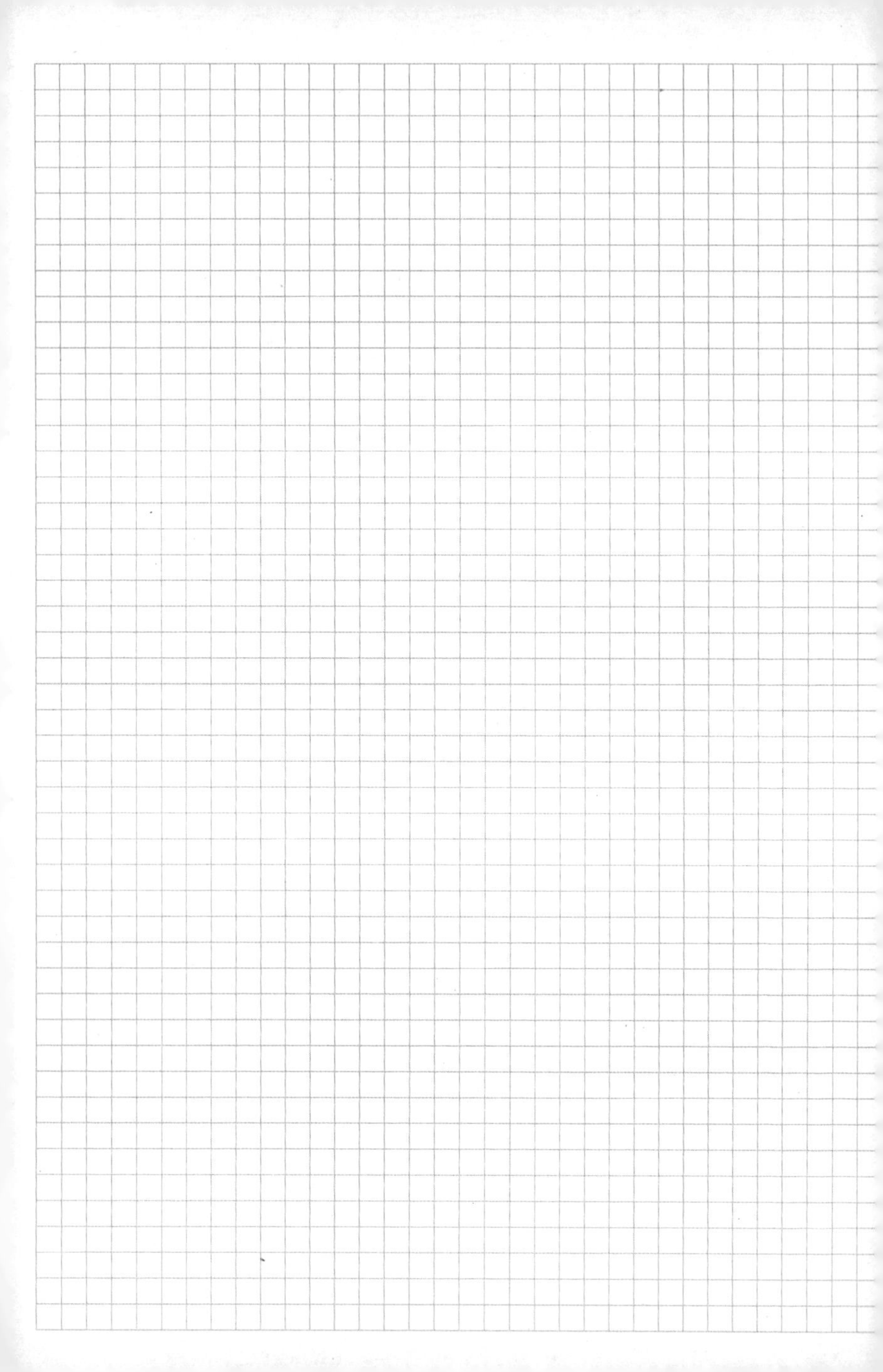

万能调味小料　砂姜小青橘蘸汁

原本我是不认识砂姜的，更没吃过，只因网购小青橘时，店家送了几块砂姜，并传授了砂姜小青橘蘸汁的做法。这款万能蘸料是南方人用来蘸鸡肉吃的，我试着用来搭配面食也非常合适。纯天然的植物香气，酸辣可口，蘸煎饺吃解腻，蘸面条吃开胃。

原料

砂姜：50 克

大蒜：15 克

小青橘：2 ～ 3 个

小米椒：2 个

生抽：100 克

做法

① 将砂姜、大蒜、小米椒切碎（砂姜不用去皮）。

② 将小青橘对半切开，去籽，挤汁，将所有原料混合。

③ 最后加入生抽搅匀。不太能吃辣的可不放小米椒或泡几分钟就拣出，泡得时间越长就越辣。

④ 将蘸汁舀到小碗里，兑一点凉开水略稀释即可蘸面条吃。

万能腌辣椒

我平时买的鲜辣椒很少有一次都用完的时候，大多只是配菜用一点。为避免浪费，剩下的辣椒可以腌起来，配米饭、浇面条、夹馒头、卷烙饼、拌凉菜，味道十分鲜美。

原料

鲜辣椒、大蒜、花椒粉、姜粉、盐、油

做法

① 将鲜辣椒和大蒜切碎，放在大碗里，量不要太多。

② 把油烧热，迅速倒入碗中将材料搅拌均匀，用热油将辣椒烫熟。

③ 调入适量盐、花椒粉、姜粉，晾凉后装瓶放冰箱保存。

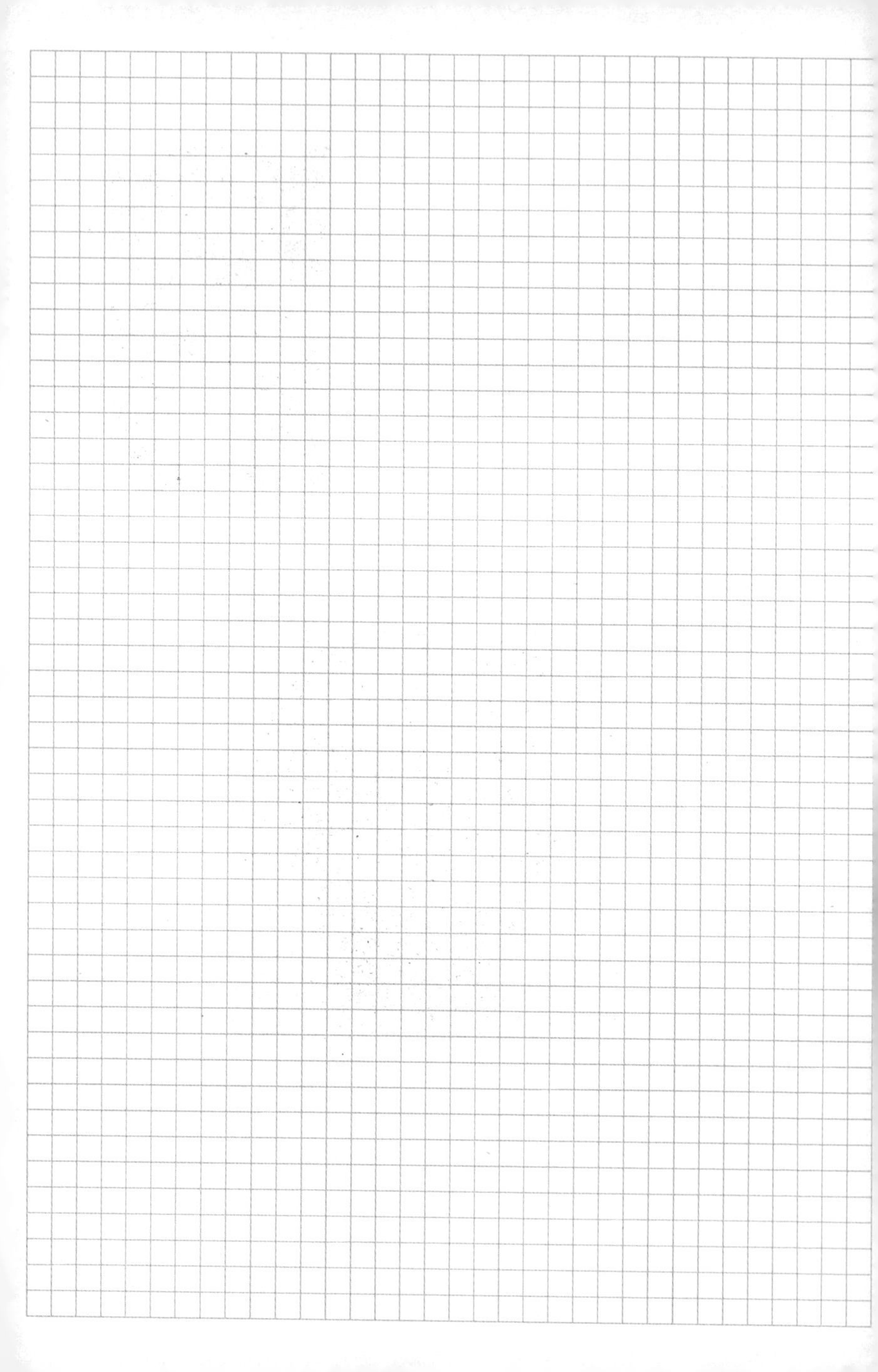

节令

正月十五　巧克力汤圆和果酱汤圆

这两年家里一直不停地囤吃的东西。各种面粉、调料、果仁、果酱、零食，把冰箱和柜子塞得满满的。现在看来，很长一段时间里都不需要这样囤货了，所以年后的首要任务就是清库存，只要家里有能用的，就绝不再买新的。这个元宵节我就利用家里现成的食材做了两款汤圆，就当抛砖引玉，给朋友们提供个思路吧。

除了正月十五吃汤圆，平日里汤圆可以作为早餐、夜宵。要是嫌现吃现做麻烦的话，还可以多做一些冻起来。

原料（约 20 个汤圆）

巧克力馅：

黑巧克力：40 克

糖：约 20 克（自己调整用量）

油：5 克

熟芝麻核桃粉：约 60 克（自己调整用量）

汤圆皮：

糯米粉：200 克；温水：170 克；糯米粉加温水混合揉成面团，用湿布盖上备用。

做法

① 将黑巧克力放在碗里，用微波炉加热90秒使其融化。加热时间和微波炉性能有关，先试着加热60秒，取出看看，如果没融化再加热30秒。不要一次加热时间太长，以免烧煳。

② 在融化的巧克力酱中加入一勺植物油和糖，搅拌均匀。

③ 向巧克力酱碗中慢慢加入芝麻核桃粉，边加边搅拌，直到巧克力酱能定型、不粘手即可。如果家里没有现成的芝麻核桃粉，可用芝麻或花生、核桃之类的果仁压碎。如果连果仁也没有，可用一小把面粉炒熟代替。

④ 将巧克力馅全部捏成小丸子；汤圆面团分成18克一个的面剂，包入巧克力丸子。包好的汤圆用湿布盖好防止干裂。

⑤ 烧一锅水，水开放入汤圆，用勺子缓缓推动防粘，煮至汤圆全部漂起来。品质好的巧克力有着浓郁的可可香气，是超市里卖的普通巧克力汤圆不能比的。

果酱汤圆做法

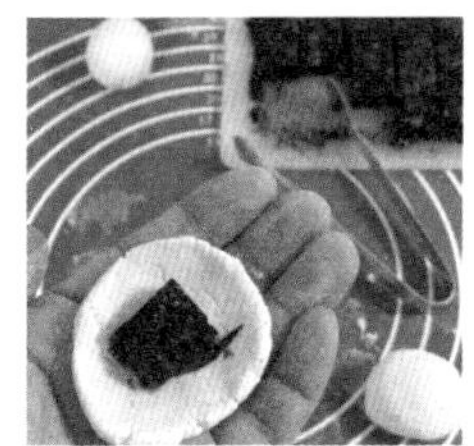

① 果酱用的是自己做的莓果果酱。把果酱平铺在盘子里，放冰箱冷冻成型后切成小块。

② 包果酱汤圆要趁果酱馅冻得比较硬的时候，用小夹子或筷子取用。

③ 酸酸甜甜的果酱汤圆很开胃。

立春　层层酥脆的无油烤春卷

我有一个网友叫 Grace，认识 10 多年了。我俩在对吃喝玩乐的追求上高度默契，吃要吃得健康，玩要玩得尽兴。

Grace 定居美国多年，始终改不了的是中国胃。有一天她告诉我，用买来的春卷皮做韭菜盒子，平底锅刷油烙熟，特别香。以往我不喜欢吃春卷就是嫌太油腻，没想到春卷皮还能这么用！参考 Grace 的创意，我用烤箱做了什锦素馅的烤春卷。按这种方法做出来的春卷，外皮酥脆可口，馅料清爽不腻，最重要的是做法简单又健康。如果懒得弄馅，买一袋红豆沙包进去，烤出来就是一道甜品。

原料

春卷皮：1 包（25 片）
西葫芦：1 个（500 克）
胡萝卜：半根（70 克）
泡发香菇：6 朵（70 克）
泡发木耳：1 把（50 克）
豆皮：1 片（50 克）
面粉：1 勺
油、盐、生抽、胡椒粉、香油：适量

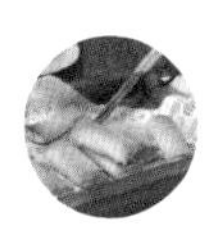

做法

① 用擦板将西葫芦擦成丝，撒盐腌出水；香菇、木耳、胡萝卜、豆皮都切成丝。

② 用一点油把香菇、胡萝卜、木耳、豆皮炒香，调入适量盐和生抽，盛出晾凉。

③ 加入挤干水分的西葫芦丝，滴几滴香油，撒胡椒粉拌匀，春卷馅就做好了。

④ 用一勺面粉加两勺水，微波炉加热15秒，调成面糊备用。

⑤ 把馅料放在春卷皮上，卷成筒，两边折起，顶部涂上面糊封口。

⑥ 将包好的春卷码在烤盘里；烤箱提前预热，放入烤盘，上下火210℃烤15分钟。

特别说明：

1. 买春卷皮要看清配料表，含有牛油或氢化油的不要选。
2. 网上卖的春卷皮大多是冷冻的所以容易融化，最好在冬天买。
3. 馅料要保持干爽，尽量把水分挤干，别放太多油。

立夏　复刻北京人最爱的新川凉面

做了一次标题党。新川面馆的招牌酱料岂能轻易破解！即便是亲眼看着他们做，咱也不知道调料的具体用量和品牌呀。不过就算不能百分百复刻，照猫画虎学个七八分像还是可以的。从“新川面馆”的名字就知道这是一家川味面馆，在北京开了 60 多年。北京人有立夏吃凉面的习惯，每年立夏当天，新川面馆卖出多少份凉面都能上新闻。

麻酱凉面最重要的当然是麻酱。新川面馆用的麻酱不是普通的芝麻酱，而是老北京人喜欢的二八酱，即 20% 芝麻和 80% 花生混合制成的芝麻花生酱。过去我们是在粮油店买散装的，这几年随着二八酱在网上走红，有些酱厂重新恢复了二八酱的生产，现在超市里也能买到了。

原料（3 人份）

二八酱：4 勺（60 克）	花椒粉：1 勺（3 克）
凉开水：6 勺（40 克）	姜粉：1 勺（3 克）
陈醋：2 勺（18 克）	芥末粉：半勺（2 克）
熟酱油：2 勺（18 克）	盐：半勺（4 克）
白砂糖：1 勺（5 克）	面条：1000 克

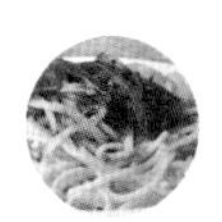

做法

① 二八酱加入清水，先用筷子搅匀，再依次加入陈醋、熟酱油、白砂糖、花椒粉、姜粉、芥末粉、盐。调好之后放置一晚，第二天再吃，味道更好。

② 正宗的川味凉面煮熟后要用油拌，吹凉，用的面也不是普通的面条。咱们自己家里吃就简化点，用拉面或切面，煮熟过凉水，拌上调好的麻酱和黄瓜丝，再来瓣蒜。嘿！别提多美了。

特别说明：

1. 熟酱油的做法是把普通的老抽酱油烧开，再晾凉。烧过的酱油更黏稠，同时也起到消毒灭菌的作用。

2. 调酱的时候量少容易操作。如果人多不够吃，可多调几次，再混和到一起。

3. 我的配方减少了用糖量，我个人不喜欢太甜，新川面馆的凉面比我自己做的甜度高。每个人的口味不一样，多做几次，根据自己的喜好调整比例，记录下来，以后再做就容易了。

用料理机自己做二八酱

原料

熟芝麻：50 克　　橄榄油：3 汤勺

花生米：200 克

做法

① 将花生米炒熟，搓去红衣，和熟芝麻一起放入料理机的干磨杯中，加一汤勺橄榄油，低速搅打。

② 开始阶段，芝麻和花生被打碎后会粘在杯壁上，需要停机开盖，用搅棒或筷子把杯壁的碎末重新归位到刀头的位置，并少量添加橄榄油，再开机继续低速搅打。重复操作两三次以后，芝麻和花生中的油脂析出，碎末变成砂浆状，随着刀头的旋转在杯底自然流动。此时可将料理机速度调高一些，搅打时间越长，芝麻花生酱就会越细腻。为避免料理机过热，我一般是搅打一分钟就停一下，稍凉一下再继续，总共 5 ～ 6 次就差不多了。

③ 自己打酱可以根据个人喜好调整比例，芝麻和花生各占一半就是五五酱，也是很多人喜欢的。

端午　懒人版粽子

端午节清理橱柜的时候我发现还有半袋糯米，于是便用它做成糯米咸饭团，在朋友圈发了照片。我哥看见了问："这是什么？像粽子又不是粽子。"算他说对了，我就是打算把它当粽子吃的。

我不是不会包粽子，只是手艺不太好。包的时候麻烦，吃的时候也麻烦，于是想出了这个简化版的做法，味道还真不错。

原料

圆粒糯米：250 克　　花生米：50 克

干香菇：5 朵　　罗马生菜：1 把

油、黄豆酱、老抽：适量

做法

① 将糯米、花生、干香菇分别浸泡 3 个小时。

② 将泡好的糯米放入蒸屉，大火蒸 40 分钟，蒸好之后就是糯米饭，晾凉备用。

③　将泡好的香菇切碎，先用油炒出香味，再加入开水和泡过的花生，用黄豆酱和少许老抽调味，中火煮 40 分钟。煮的过程中注意查看水量，别烧干。

④　煮 40 分钟以后把汤收干。

⑤　选用大片的罗马生菜叶子，用开水烫 20 秒捞起备用。生菜脆嫩易碎，烫过之后碧绿柔软。

⑥　戴上一次性手套防止粘手，盛一勺糯米饭在手上摊平，包入几粒炖好的香菇花生，捏成饭团。

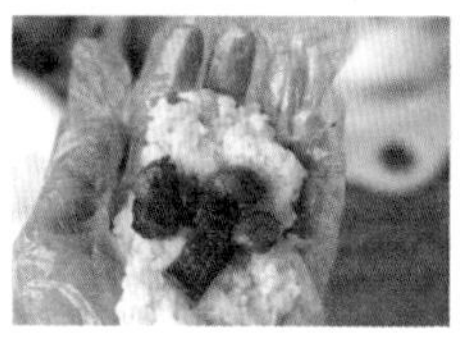

⑦　将烫过的生菜叶对折成长条状，包在饭团外即可。

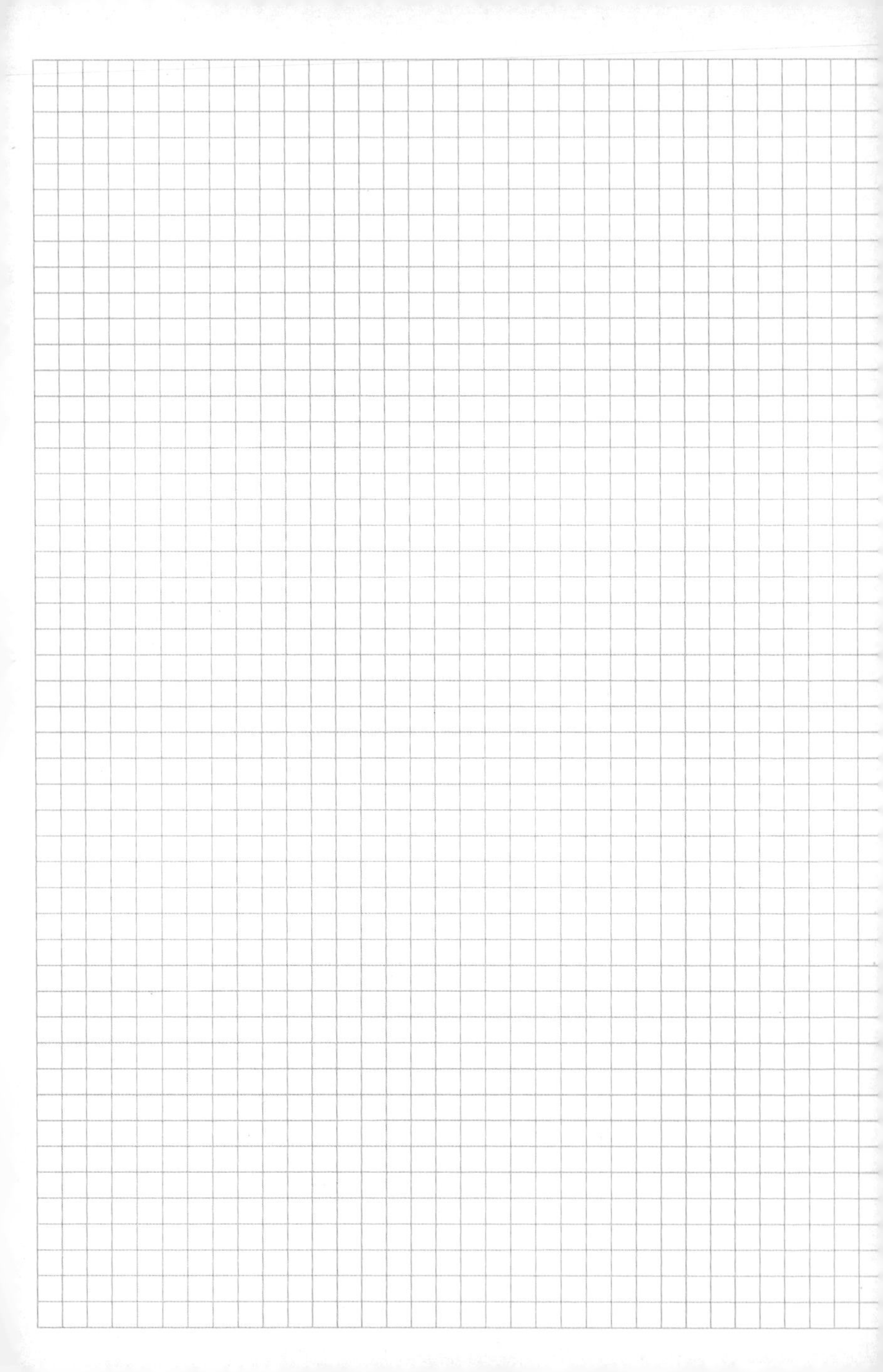

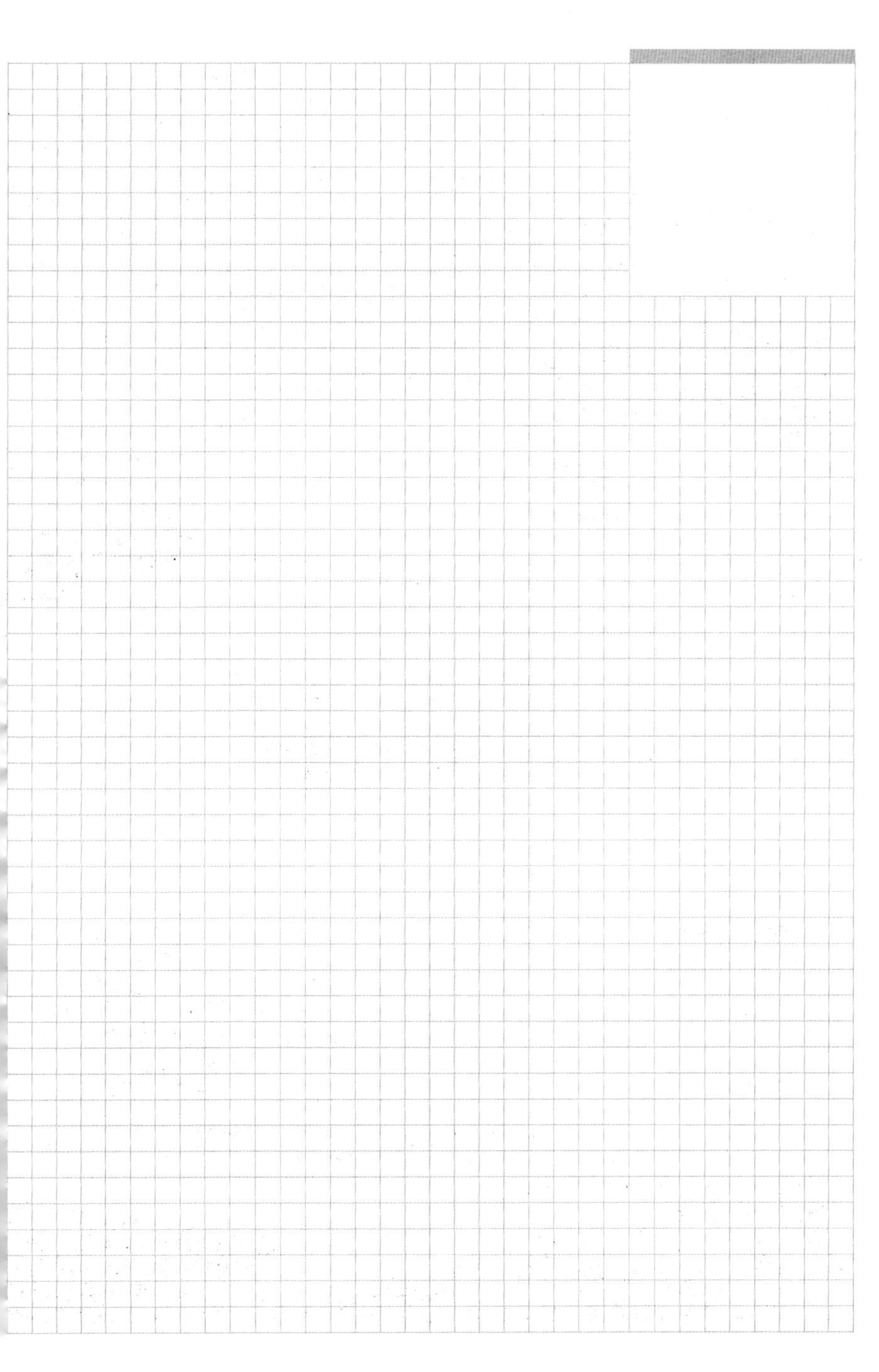

中秋　不用烤箱的冰皮月饼

多年前刚学做饭的时候，家里没有烤箱，我在一本美食杂志上看到一款不用烤箱就能做的冰皮月饼，第一次试做就成功了。如今这家杂志早已停刊，但冰皮月饼的做法我一直没忘，偶尔在中秋的时候还会做几个应景。

自己做冰皮月饼好玩又简单，特别适合带着小朋友一起做，为此我买了很多模具。刚做好的月饼柔软细腻最好吃，放冰箱冷藏以后会变硬。不过没关系，第二天放在红豆汤里煮一煮，变成红豆汤圆当早餐也不错。

原料

澄面（小麦淀粉）：100克

糯米粉：50克

植物油：30克

植物奶（豆浆）：150克

豆沙（馅）：适量

做法

① 除豆沙以外的原料混合成面糊，蒸 20 分钟。

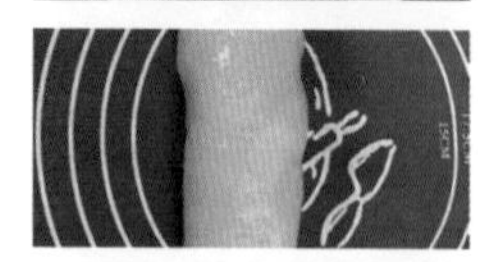

② 蒸好的面糊晾至不烫手时，揉成光滑油润的面团。

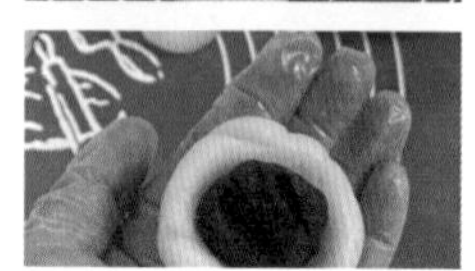

③ 将揉好的面团分成 35 克一个的面剂，包入豆沙馅，用模具定型。面团和豆沙馅都是熟的，马上就可以装盘享用。

彩色冰皮月饼

在面皮中加入不同颜色的果蔬能做出漂亮的彩色月饼。我在蒸熟的面团中加入 10 克抹茶粉，揉匀之后的面团就是绿色的。加果蔬粉的方法最简单，只是可选的颜色少了些，比如家里常用的抹茶粉、可可粉、姜黄粉。

或者在一开始的和面阶段加入果蔬汁。比如我在原配方的基础上，加了 100 克蒸熟的南瓜泥，植物奶用量减少到 100 克，混合成面糊蒸熟后就是橙色的面团。

冬至　充满生活仪式感的素水饺

北方人对饺子有着特殊的感情，从大年初一开始，破五、暑伏、冬至，找个理由就吃上一顿，隔段时间不吃就会非常想念。过去因为物质匮乏，吃顿饺子不容易。现在虽然什么都不缺，想吃顿自己包的饺子还是不容易，因为没时间做呀。

平时吃不上也就算了，到了该吃饺子的日子，无论如何也得自己包一顿来体现生活的仪式感。用冬瓜做馅，清爽解腻，顺带的副产品冬瓜汤，虽然看起来很寡淡，喝起来却是满口清香。

原料

小冬瓜：1个	香菜：1把
鲜香菇：6朵	油、香油、盐：适量
胡萝卜：1根	饺子皮：50个（500克）

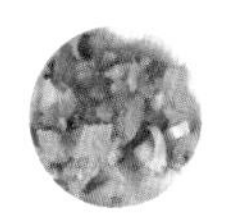

做法

① 冬瓜去皮去籽，切成大块，用擦板擦成丝。

② 冬瓜丝里撒上盐拌匀，腌出水分，再将冬瓜丝的水分挤干。

③ 挤出的冬瓜汁不要扔，留着做汤。

④ 鲜香菇在滚水里焯烫后切碎；胡萝卜去皮擦成丝；香菜洗净切碎。所有的原料混在一起，加入油、香油、盐，拌匀。冬瓜是用盐腌过的，有咸味，拌馅时要先尝一尝，少加盐。

⑤ 买现成的饺子皮，一斤饺子皮差不多能包出50个饺子。

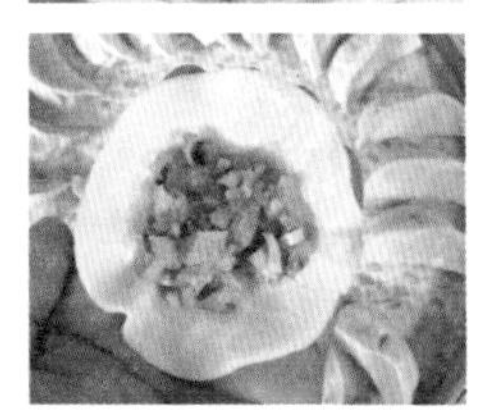

⑥ 挤出的冬瓜汁里加入清水，烧开，放入甜玉米粒、青菜叶，不用再放盐，出锅点几滴香油，即成一碗好喝的冬瓜汤。

春暖花开的时候，我常常带上自己做的小食和饮料去郊外踏青野餐。咖啡黄糖小面包、罗汉果茶、炸藕丸、饭团子、烤薯饼都是我喜欢的。限于篇幅，本书无法全部收录，欢迎大家来我们的公众号“麦芽酶”看看，在这里，你可以看到更多的素食美味。你学做了哪些？最爱吃哪个？欢迎来与我们一起分享。